〔日〕中井悦司 著

郭海娇 译

U0229395

深度学习

入门与实战

基于 TensorFlow

人民邮电出版社

北京

图书在版编目（ＣＩＰ）数据

深度学习入门与实战：基于TensorFlow／（日）中井悦司著；郭海娇译. -- 北京：人民邮电出版社，2019.4
 ISBN 978-7-115-50482-1

 Ⅰ. ①深… Ⅱ. ①中… ②郭… Ⅲ. ①人工智能—算法 Ⅳ. ①TP18

中国版本图书馆CIP数据核字(2018)第299749号

版权声明

TensorFlow De Manabu Deep Learning Nyumon

Copyright © 2016 Etsuji Nakai

All rights reserved.

First original Japanese edition published in 2016 by Mynavi Publishing Corporation., Japan

Chinese (in simplified character only) translation rights arranged with Mynavi Publishing Corporation., Japan.

through CREEK & RIVER Co., Ltd. and CREEK & RIVER SHANGHAI Co., Ltd.

◆ 著 [日] 中井悦司
  译 郭海娇
  责任编辑 俞 彬
  责任印制 马振武

◆ 人民邮电出版社出版发行 北京市丰台区成寿寺路 11 号
  邮编 100164 电子邮件 315@ptpress.com.cn
  网址 http://www.ptpress.com.cn
  北京鑫丰华彩印有限公司印刷

◆ 开本：720×960 1/16
  印张：16
  字数：300 千字   2019 年 4 月第 1 版
  印数：1 - 3 500 册   2019 年 4 月北京第 1 次印刷

  著作权合同登记号 图字：01-2018-2766 号

定价：69.00 元

读者服务热线：(010)81055410 印装质量热线：(010)81055316
反盗版热线：(010)81055315
广告经营许可证：京东工商广登字 20170147 号

内 容 提 要

    TensorFlow由美国谷歌公司开发和维护，被广泛应用于各类机器学习算法的编程实现。

    本书紧密围绕极具代表性的深度学习应用——手写数字识别，逐层介绍构成神经网络的各个节点的功能，并用TensorFlow编写示例代码对各部分的工作原理加以验证，从根本上理解深度学习。

    本书非常适合深度学习的初学者，而非专门从事机器学习和数据分析的专家。

●本书的官方网站

http://book.mynavi.jp/supportsite/detail/9784839960889.html

本书的增补、修正等情况均在此处刊载，如有需要请查阅。

●本书的写作全部基于2016年8月左右的信息。

在本书中出现的软件或服务的版本、网页、功能、URL、产品样式等信息都是基于原稿写作时间点。

写作之后，上述内容可能发生变化，还请谅解。

●本书使用安装了TensorFlow的Docker容器镜像来进行说明。

在Linux、Mac OS、Windows等环境下，都可以使用Docker启动环境。

还有，本书使用TensorFlow 0.9.0（GPU未对应版）和Python 2.7。

硬件环境，需要4核CPU和4GB以上内存。若内存不够，第4章和第5章的部分示例代码有可能不能运行，还请注意。

●在没有特别声明的情况下，书中所写的［Ctrl］键对应Mac OS X中的［control］键。

●本书中所记载的内容，仅供参考。

基于本书的应用请读者自行判断，作者不承担任何责任。

●本书的创作虽已尽作者所能地正确描述，但是本书作者及出版社不对书中的内容及运算结果负任何责任，望读者谅解。

●本书中所有的公司名及商品名均为各公司的法定商标名。

本书中省略了"TM"和"R"的标志。

有关本书内容及阅读方法

　　本书详细介绍了深度学习极具代表性的用于手写数字识别的"卷积神经网络"。在深度学习中使用的神经网络是由各种各样的不同功能部分构成的，本书的目标就是将这些部分的功能一一缕清，以便于读者更加深入理解。另外，本书使用美国谷歌公司发布的开源软件 TensorFlow，用示例代码对各个组成部分的工作原理加以验证。本书中使用的代码在 GitHub 上都有公开，通过 https://github.com/enakai00/jupyter_tfbook 可以获取。

　　TensorFlow 用 Python 代码来表述神经网络的构成，并提供了最适用神经网络样本数据的自动处理功能。推荐读者先根据第 1 章的说明步骤安装好 TensorFlow 的代码执行环境，然后一边学习一边自己运行代码。本书以第 1 章介绍机器学习的基本思考方式为起始，随之介绍了 TensorFlow 代码的编写方法，以及构成卷积神经网络的各部分功能，通过循序渐进的解读方式方便读者加深理解。

　　另外，本书中所例举的卷积神经网络基本是原封不动地采用了 TensorFlow 官方网站上的入门手册 *Deep MNIST for Experts* 中的介绍。对被称为 MNIST 数据集的手写数字图片数据进行分类，最终达到了 99％ 的识别率。对于"运行了入门手册代码但未能理解其内涵"或"希望更加深入理解代码运行机制"的读者，本书再合适不过了。理解本书内容所需的数学相关知识，请参考书末的附录。

致　　谢

本书得以完成并出版要衷心感谢许多朋友的帮助。

本书的构想来自于参加KUNO公司的佐藤杰先生主办的"TensorFlow学习会"。我发现，通过运用TensorFlow，无论是谁都能体验到深度学习，但是大多数与会者还是希望可以更进一步地了解其内涵。于是我产生了写这样一本书的想法，不是回顾历史、展望未来的那种启蒙书，也不是面向专家进行非常高深的解说，而是为大多数普通读者写一本从根本上理解深度学习的入门书。

这个想法得以成为实际提案并且最终成书，要感谢Mynavi出版社的伊佐知子女士。另外，还要感谢为本书写作提供技术信息的谷歌公司的佐藤一宪先生和岩尾遥先生。

在本书的写作过程中，我的人生出现了一个大的转机——转职。在此，我非常感谢一直支持我前行的妻子真理和女儿步实，是她们让我充满干劲地去迎接新的挑战。"爸爸在新的公司里会好好加油的！"

前　言

　　欢迎来到深度学习的世界！本书面向初学者，而非专门从事机器学习和数据分析的专家，但本书也不是深度学习的启蒙书，因为它既不讲深度学习的历史，也不展望人工智能的未来。本书的目标是以深度学习的代表"卷积神经网络"为例，剖析其结构，并用TensorFlow写出能够实际运行的代码。

　　深度学习被热议的发端大约是美国谷歌公司公布"神经网络识别猫脸"系统的时候。之后，该系统学习了名为DQN（Deep Q-Network）的算法，甚至可以自主操纵视频游戏。再后来，运用了神经网络的机器学习系统甚至击败了世界围棋冠军，还产生了很多类似的不可思议的成果。随之出现了许多解读深度学习的文章，但大多数文章的主题是由众多神经元组成的多层神经网络模型。在神经网络中到底如何运作，深度学习算法又是以何种结构来进行学习的呢？本书就是面向有此类疑问并希望探其究竟的读者。

　　从根本上来说，深度学习的基础就是要理解机器学习的结构。具备简单的矩阵运算和微分基础，理解这个结构并非难事。本书就以运用卷积神经网络识别手写数字为例，对其结构中各个部件的职责进行详解。进而，本书利用拥有深度学习算法包的TensorFlow，通过可以实际运行的示例代码来确认各部件的运行原理。像堆积积木一样，随着逐层增加网络构成部件，读者就可以观察其识别精度是如何逐步提升的。

　　顺带提一下，TensorFlow的官方网站发布了各种示例代码用来作为入门资料。不过常常听到一些反馈，例如，即使尝试运行了这些代码，但不是很清楚代码内部结构，或希望自己尝试运用却又不知从何入手。通过本书了解深度学习基本原理并学习TensorFlow代码写法后，读者应该可以自然而然地学会运用。探究深度学习的奥秘与趣味绝不是专家的特权。通过本书，若能帮助拥有求知欲的读者踏进深度学习的世界，实乃笔者之幸。

关于本书示例代码环境

本书中所使用的示例代码，笔者用 Docker 制作了容器镜像，可以通过下载 Jupyter 的 Notebook 文件实际执行代码进行确认。

1.2 节"环境准备"介绍了在 CentOS 7 中的安装使用方法，在附录 A"Mac OS X 和 Windows 环境安装方法"中分别介绍了 Mac OS X 和 Windows 环境下的安装方法，请读者针对自己使用的环境阅读参考。

在 CentOS 上通过 Docker 容器镜像使用 Jupyter 示意图

其实即使不下载 Docker 用的容器镜像文件，也可以通过访问前面介绍过的 GitHub 的 URL，查看全部示例代码，并可以看到执行后的结果。

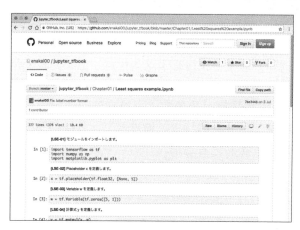

通过 GitHub 查看 Jupyter 的 Notebook 示意图

本书示例代码查看方法

　　本书中用到的所有示例代码，全都放在了前面介绍的环境准备步骤中下载的 Notebook 文件中。本书内容涉及示例代码的部分，在步骤中都详细地写明了如何打开对应的 Notebook 来查看代码。

　　如果需要执行自己修改过的 Notebook，可以把原来的 Notebook 复制一份，修改代码后再执行。这样就可以保留原来的代码文件，对比参照起来则非常方便。

1.3.2　TensorFlow代码实现

　　接下来，用 TensorFlow 代码来实践一下呢。如果是正式写代码，需要做成模型类，还要考虑代码的模块化等。但是在这里为了能够简要说明，我们就在 Jupyter Notebook 上直接写代码。与本节对应的 Notebook 为 "Chapter01/ Least squares expample.ipynb"。建议把该 Notebook 打开，边阅读本节内容边执行代码。刚打开 Notebook 可能还保存了之前执行的结果，单击如图 1.22 所示的目录中的 "Restart & Clear Output"，就可以清空之前的执行结果。

使用到的 Notebook 的介绍部分

　　在示例代码左上角所显示的标题 "LSE-01" 等，与下载后的 Notebook 中各代码的标题是相对应的。在具体的章节内容中，只抽取出部分代码来进行讲解的情况也是存在的，还请注意。

```
[LSE-01]

1: import tensorflow as tf
2: import numpy as np
3: import matplotlib.pyplot as plt
```

示例代码左上角的标题

```
        [LSE-01] モジュールをインポートします。

In [1]:  import tensorflow as tf
         import numpy as np
         import matplotlib.pyplot as plt
```

Notebook 文件中代码的标题

　　像 "LSE" 这样的开头字母，其实是取自 Notebook 文件名称的开头字母，例如，"LSE-01" 就是 "Least squares example.ipynb" 文件的缩写。

目　　录

1

第1章

深度学习与TensorFlow

TensorFlow是由美国谷歌公司发布的机器学习开源软件，特别用于谷歌公司内部深度学习领域的研究，同时也用于谷歌公司的其他服务开发。本书的主题就是通过TensorFlow来了解极具深度学习代表性的"卷积神经网络"（Convolutional Neural Network，CNN）的机制。

TensorFlow官网的"TensorFlow Tutorials"（见图1.1）介绍了TensorFlow的各种用例和示例代码，例如，利用CNN识别手写数字的分类处理（见图1.2）。如果读者查阅过深度学习的专业书籍或者相关评论文章，肯定也见过类似的（或者更加复杂的）图。这究竟是怎样的机制，为何能够自主识别手写数字？本书的目标就是能理解其基本原理，并在此基础上编写TensorFlow代码来实现它。

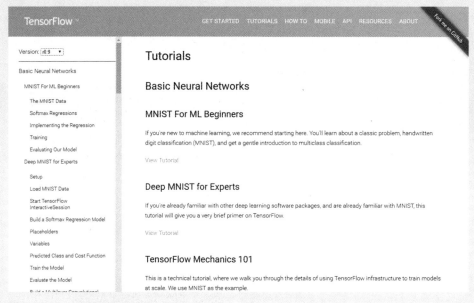

图1.1 TensorFlow Tutorials

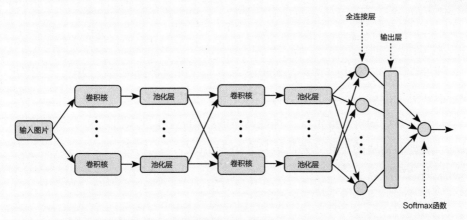

图1.2　CNN实现手写数字识别的分类处理

　　本章首先概要性地介绍深度学习和TensorFlow，以及如何安装TensorFlow代码的执行环境。另外，以机器学习入门的"最小二乘法"问题为例，讲解TensorFlow代码的基本写法。

1.1 深度学习概览

深度学习，广义上来说它是机器学习中的一种"神经网络"模型。为了使读者能够更加准确地理解深度学习，首先介绍在机器学习中"模型"所具备的职责，然后具体剖析一般情况下神经网络的结构。在此基础上，再分析深度学习与一般神经网络的不同之处，最后介绍 TensorFlow 在实现深度学习数据分析中所起到的作用。

1.1.1　机器学习的基本模型

机器学习是一种通过计算机自动运算来研究并发现隐藏在数据背后的"数学规则"的算法科学。虽说如此，但也无需把它想得过于复杂。举个例子，观察图 1.3，假设这是某城市 2018 年每月平均气温示意图，我们能看出什么呢？如果让你以此数据为基准，推测 2019 年每个月的平均气温，你会如何分析推测呢？

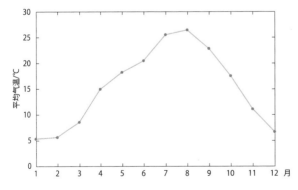

图 1.3　某城市 2018 年每月平均气温示意图

当然，最不费脑筋的答案肯定就是2019年的平均气温应该与2018年大致相同，但是如果我们开动脑筋，还是有办法能使预测结果更加精确的。可以看到，在图1.2中，每月平均气温是由短直线呈锯齿状连接而成，若考虑结果气候变化的特性，每月平均气温实际上应该是以平滑曲线的形式呈现。虽然是平滑变化，但每个月里面可能会有一些随机偏离曲线的噪点，因此才会形成锯齿状的变化图形。

在观测完全部数据后，可以描绘出如图1.4所示的平滑曲线。如果2019年甚至以后每月的平均气温用该曲线上的数值来预测，应该会更加精确。考虑2019年的气温也可能会有噪点，出现些许上下偏移的情况，但即使如此，这些点很大程度上也会分布在该曲线的周围。

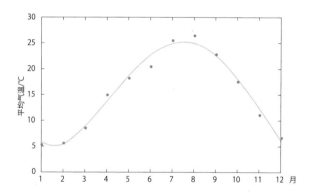

图1.4 用平滑曲线预测2019年每月平均气温

我们把像这样对已知数据的数值背后逻辑进行思考的过程称为"数据建模"，把思考出的这种数据结构称为数据"模型"。

而且，这样的数据模型一般还可以用数学公式来表示。例如图1.4所示的曲线，就可以用下面的4次函数来表示。

$$y = w_0 + w_1x + w_2x^2 + w_3x^3 + w_4x^4 \tag{1.1}$$

其中$x = 1, 2, \cdots, 12$表示月份，y表示根据公式（1.1）预测的该月平均气温。通过调整各项权重系数$w_0 \sim w_4$，就可以得到图1.4所示的曲线。

但是，我们要用什么样的标准来判断曲线已经达到要求呢？换言之，我们需要一个指标来判断并决定权重系数的最终值。而这个指标就是由公式（1.1）所得到的预测值与实际数据之间的误差。假设图 1.3 中的数据用 $t_n = t_1, t_2, \cdots, t_{12}$ 表示 n 月份的平均气温。把 $x = 1, 2, ..., 12$ 代入公式（1.1）后就可以求出预想平均气温值 $y_1, y_2, \cdots, y_{12}$，最后代入下面的公式进行计算就可以求出误差值。

$$E = \frac{1}{2} \sum_{n=1}^{12} (y_n - t_n)^2 \qquad (1.2)$$

这就是一般被称为平方误差的公式，用每月的预测值与实际数据差值的平方和来表示。在这里，1/2 并没有什么特别的含义。调整权重系数 $w_0 \sim w_4$ 使误差值最小，就可以得到更加准确的曲线了。公式（1.2）可以视为权重系数 $w_0 \sim w_4$ 的函数，也被称为误差函数。

实际的计算示例将在 1.3 节 "TensorFlow 概要" 中具体介绍，这里我们把上面的内容进行如下总结。

① 想出基于样本数据来预测未知数据的公式（1.1）；

② 准备可以判断公式（1.2）中参数是否最优的误差函数；

③ 决定能使误差函数值最小的参数。

用这三步决定具体参数值后，代入公式（将 $w_0 \sim w_4$ 的值代入公式（1.1））就可以预测出 2019 年每月的平均气温了。当然，实际中准确率到底如何，不实际计算肯定是不知道的。假如预测的准确率很低，那就表示在第一步想出的公式（1.1），也就是数据的 "模型" 还不是很理想。为了提高未知数据预测的精度，发现最优模型，思考这些被用于预测的数学公式，就需要各位数据科学家们展现能够活用机器学习的能力了。

那么，需要 "计算机运算" 的部分又是哪里呢？在机器学习中，需要计算机运算能力的是第三步。以刚才所举的例子来说，误差函数（1.2）所包含的数据只有过去 1 年 12 个月的数据。但在实际的机器学习中会有大量的数据，并需要求出误差函数的最小值。这里就是需要计算机基于一定的算法自动运算的，这也是本书将要讲解的 TensorFlow 的主要职责。

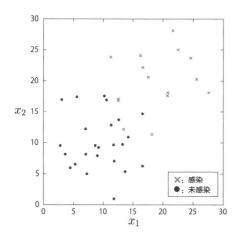

许多人可能会以为机器学习或者最近流行的"人工智能"是由计算机自主识别并预测未来。但实际上，现实中的机器学习，包括本书所讲的主题深度学习，其数据背后的模型也就是解析数据背后规则的数学公式是需要人来思考的，请注意这点。计算机在这里的职责就是找出公式中所包含参数的最优值。

最后，刚才所列出的第一步至第三步，贯穿全书在后文中会多次出现。本书中称之为"机器学习模型三步走"。

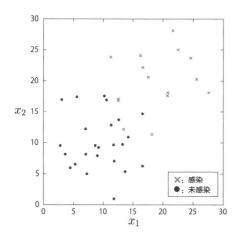

1.1.2　神经网络的必要性

举一个与上一小节稍不同的例子，并思考一个有关数据分类的问题。假定有一个简易的预查设备用来判断患者是否感染了病毒，检查结果有两种数值。然后以这两种数值为基础求出感染病毒的概率，概率高的患者需要进一步接受更加精确的检查。

图 1.5 显示的是目前为止接受预检查的患者的检查结果以及实际是否感染病毒的散点图。为了验证预查的准确度，得到了进行预查和精确检查的所有数据。我们要解决的课题是以这些数据为基础，找出能够计算新的检查结果的公式。

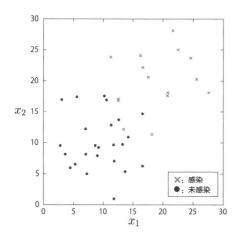

图 1.5　预查设备检查结果与实际感染状况示意图

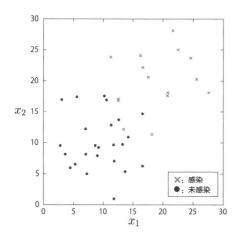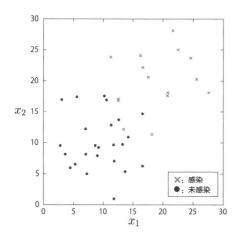

 第一章　深度学习与 TensorFlow

 1.1　深度学习概览　**7**

在这个例子中，可以用直线将数据分为两类，如图1.6所示。可以看到，在直线的右上侧部分感染概率较高，左下侧部分感染概率较低。这条分割线可以用如下公式表示。

$$f(x_1, x_2) = w_0 + w_1 x_1 + w_2 x_2 = 0 \qquad (1.3)$$

说到平面直线，最被大家熟知的就是公式 $y = ax + b$。但在公式（1.3）中，x_1 和 x_2 分别为横纵轴对称关系。公式（1.3）的优点在于存在边界值 $f(x_1, x_2)=0$，且离边界值越远，$f(x_1, x_2)$ 的值会逐渐变大（变小）趋于 $\pm\infty$。

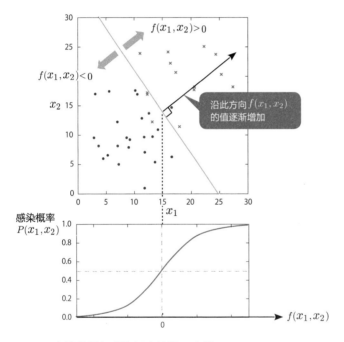

图1.6 直线分类与感染概率转换示意图

列出一个从 $0\sim1$ 平稳变化的函数 $\sigma(x)$，将 $f(x_1, x_2)$ 的值代入后，可以根据检查结果值 (x_1, x_2) 求出感染概率 $P(x_1, x_2)$[①]。请参照图1.6中下半部分所示的曲线。

---

① 在机器学习领域中，像 $\sigma(x)$ 这样函数值从 $0\sim1$ 平稳变化的函数称为"S型（Sigmoid）激活函数"。当然，具体到此函数内部还有很多不同种类。

$$P(x_1, x_2) = \sigma(f(x_1, x_2)) \qquad (1.4)$$

到这里就相当于刚好完成了"机器学习模型三步走"中的第一步。随后还需要准备可以判断公式（1.4）所含参数是否最优的误差函数（第二步），最后算出能够使误差函数值最小的参数值（第三步）。

有关具体计算的过程将在第2章"分类算法基础"中进行详细介绍，在这里我们先提出这个模型所存在的问题，那就是该模型需要满足其先决条件即样本数据必须可以被直线直接分类才可以。假如样本数据为图1.7所示的情况，仅靠直线无论如何也无法将两类数据直接分类成功，必须利用折线或曲线来进行分类。

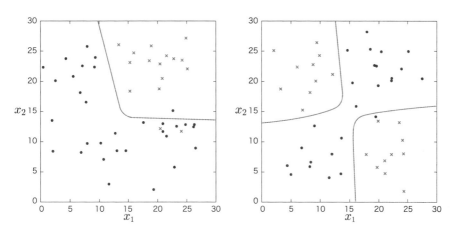

图1.7 较复杂的数据分布示例图

可能大家会认为只要把直线方程（1.3）换成更加复杂的公式，用折线或曲线来表示就可以了。但实际上并没有这么简单。在实际应用中，机器学习的样本数据并不会像图1.7中所示的那样可以在一个平面中画出来。例如，检查结果的数值并不是只有两种而是有20种，如果用图来表示则需要绘在20次元空间中，当然这是无法想象且不可能完成的。

换言之，在机器学习中，对于隐藏样本数据的特征查找需要更为复杂的手段。

"自动找出隐藏样本数据的特征不正是机器学习要解决的问题吗？！"——一般可能会有这个疑问吧。但非常遗憾，现在的机器学习所需要的数据模型，也就是第一步的公式，需要人们自己思考建模。但即使如此，人们还是一直在努力找出适用性更高、更能泛化对应各种数据的"公式"。神经网络就是在这样的情况下产生的一种算法。

如果说神经网络是一种数学公式可能难于理解，那么也可以把它想象成是函数或者代码中的子程序。公式（1.3）就是一个以 (x_1, x_2) 作为输入参数、$f(x_1, x_2)$ 作为输出值的函数，感染概率会随着输出值的变化而变化。机器学习的建模，其本质就是找出能够描述输入数据特征的函数。

在后面的例子中，我们要思考的并不只是像公式（1.3）这样一个数学公式，而是由很多数学公式组合而成的函数。这就是神经网络。神经网络是深度学习中特别核心的部分，接下来会一步一步详细地说明。

首先来看图1.8中所展示的世界上最简单的神经网络——单一节点神经网络示意图。其实这也只是用神经网络的图解风格把公式（1.4）描绘出来而已。左侧输入两个参数，经过内部计算，然后通过Sigmoid激活函数把输出结果转换为一个0～1的值。在这里，构成神经网络的最小单位被称为神经元或者节点。

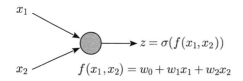

$$z = \sigma\big(f(x_1, x_2)\big)$$
$$f(x_1, x_2) = w_0 + w_1 x_1 + w_2 x_2$$

图1.8　单一节点神经网络示意图

如果将节点多层组合后，就可以得到一个比单一节点神经网络稍微复杂一点的神经网络。图1.9是一个由两层节点组成的神经网络，这可以算得上是世界第二简单的神经网络了。左侧输入两个参数，在第一层的两个节点中分别被赋予$f_1(x_1, x_2)$和$f_2(x_1, x_2)$两个一次函数，它们两个的权重系数是不同的，再将它们通过Sigmoid激活函数计算出的值(z_1, z_2)代入第二层节点，就可以得到最终的输出值z[②]。

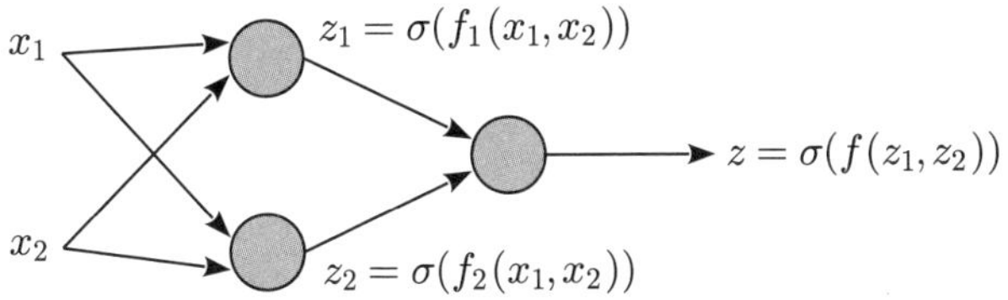

$$f_1(x_1, x_2) = w_{10} + w_{11}x_1 + w_{12}x_2$$
$$f_2(x_1, x_2) = w_{20} + w_{21}x_1 + w_{22}x_2$$
$$f(z_1, z_2) = w_0 + w_1z_1 + w_2z_2$$

图 1.9 由两层节点组成的神经网络示意图

上述神经网络包含了w_{10}、w_{11}、w_{12}、w_{20}、w_{21}、w_{22}、w_0、w_1、w_2共9个参数，调整这些参数值所得到的图肯定不是简单的直线，而是非常复杂的边界线。这里我们假定用最后的输出值z来表示感染概率P，那么$z = 0.5$的部分可以当作分界线。

实际上，若能很准确地调整这些参数，并画出$z = 0.5$的曲线，就可以得到图1.10所示的示意图。用颜色的浓淡来表示(x_1, x_2)，右上侧对应的就是$z > 0.5$的部分。对于图1.7左侧的图来说，这种神经网络应该是可以准确进行分类的。但是，对于图1.7右侧的图来说，可以看出用这个方法还不能够正确地进行分类。那么接下来需要采取的手段就是增加节点数量，这样就会逐渐形成一个更加复杂的神经网络。

增加节点的办法通常有两种。一种是增加节点的层数，也就是神经网络的多层化方法；另一种是在同一层中增加节点数。当然，这两种方法也可以混合使用，从而构建出类似图1.11所示的神经网络。

---

② 从第一层节点输出时用到了 Sigmoid 激活函数，但是并不仅仅局限于 Sigmoid 激活函数。一般情况下，往边界值 $x = 0$ 增加时会用到"激活函数"。有关选择哪个激活函数，在3.1.1 节"使用单层神经网络的二元分类器"中会有进一步的详细介绍。

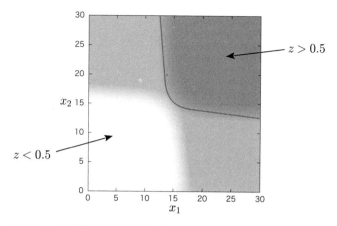

图 1.10　两层神经网络分割示意图

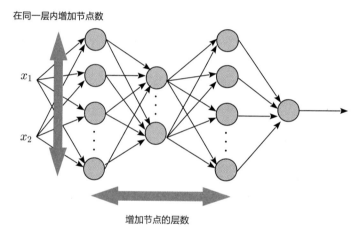

图 1.11　多层复杂神经网络示意图

　　按道理来说，只要不断增加节点数，不管如何复杂的边界分割线都应该是可以描绘出来的[3]。但是一味地增加节点数不仅会造成参数数量的增加，而且会导致第三步参数最优化的计算变得异常复杂，还可能出现永远无法完成计算，也可能出现计算机性能瓶颈，甚至找出最优值的算法也会变得难以实现。这就涉及神经网络复杂的地方了。

---

[3]　在数学领域中，即便只有一层神经网络，只要不断增加节点数，除特殊情况外，无论多么复杂的函数都是可以展现的。

在机器学习中，神经网络模型基于数据特性的特点提升了其针对具体问题建模的可行性，但同时也存在发现数据隐藏特性十分困难的缺点。

通过众多研究者不断克服困难，最终研究出了另一种特殊形态的神经网络模型——深度学习。

1.1.3　深度学习的特点

深度学习是从"Deep Learning"翻译而来的，从名字上看会有种高深莫测的感觉，实际上它是一种运用多层神经网络的机器学习方法，如图1.11所示。深度学习并非单纯地增加层数，而是在增加层数的同时，根据特定问题，对各节点赋予特殊使命，并在各节点连接处增加了更多处理的机制。深度学习也不是随意地增加节点数，而是明确定义每个节点的存在意义和职责，并实现自主识别数据特征的神经网络。

例如，图1.9所示的神经网络的各节点都是由单纯的一次函数和Sigmoid激活函数组合而成的，如果输入值不是一对 (x_1, x_2) 数值，而是图片，该如何计算呢？

图1.2所示的CNN（卷积神经网络），第一层节点就不是一次函数，而是被称为"卷积核"的函数。

卷积核并不是专门用在深度学习领域的，在Photoshop等图片处理软件中也会用到，是一种图片滤波方式。大家可能都尝试过把图片中的物体轮廓通过滤镜处理变成线条风格的图片。在深度学习中，卷积核就是用来捕捉图片中所描绘物体的特征。

图1.2中的第二层称为池化层，负责降低图片的分辨率（降采样）。它的基本思想就是将图片的实体部分去除后，从物体轮廓中抽出物体本身的特征信息。通过前处理加工后再把数据交给后层节点再次分析，然后再判断该图片中的内容到底是什么。

另外，还有一种增强节点互连的特殊神经网络，叫作循环神经网络（Recurrent Neural Network，RNN）。一般用它来对具有时序性特征的数据进行分析处理，例如，自然语言研究方向，输入数据为由单词排列组成的文章，可以利用循环神经网络在输入一个单词后，预测接下来出现某个单词的概率。

循环神经网络还可以被用在判断某篇文章的行文是否准确。例如，按顺序输入"This is a pen"4个单词，先算出"This"后为"is"的概率，接着算出"is"后为"a"的概率，如果所有连接都是高概率，就可以判断这是一篇语法正确的文章。

要注意，输入"This"后，再输入"is"时，会把输入"This"后的中间层输出值也同时作为下一层的输入数据。与只有以"is"作为输入数据进行预测相比，这个中间层以某种形式存储了"第一个单词是This"的信息，能使预测结果更加准确。以此类推，接下来的中间层中就会保存"第一个单词为This，现在又输入了is"这样的信息，并以该中间层的信息和输入"a"为前提，继续预测"This is a"后面的单词。

可能有读者会有这样的疑问："从一开始就把'This is a'这三个单词输入神经网络不就可以了吗？"不是不可以，但是如果这样做输入值就会仅限于三个单词。在图1.12所示的构造中，过去的输入值会蓄积在中间层，这样才可以针对多个字符串来进行判断。

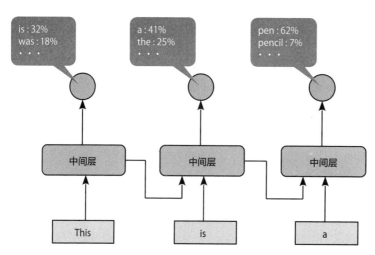

图1.12　RNN实现单词预测示意图

像这样，把过去中间层的值作为下次的输入值进行再利用的神经网络就是循环神经网络。当然在实际应用中，RNN不仅仅只做了这点内容。在中间层的处理过程中，前面输入的单词信息还会逐渐减少，所以RNN还采用了增强节点互连等技术手段，尽一切可能使前面节点的信息能够更多、更长久地蓄积起来。

从这些例子也可以看出，深度学习背后隐藏了大量的试错处理，包括要对样本数据采取何种算法的思考、如何选择合适的网络模型等。但这还仅仅只是"机器学习模型三步走"中的第一步。模型无论设计得多么精妙，如果不能通过实际运算并实践运用就毫无意义。为了进入机器学习的下一步，还需要研究如何在各种神经网络中找出最优参数的算法。

对这些算法的研究也是当前奋斗在最前线的算法科学家们的研究课题。作为入门书籍，本书对这些复杂的内容暂且略过。本书的目标是剖析像CNN处理图片分类这种解决特定问题并已被实际验证过的模型的内部原理。基于CNN的各节点也是各司其职，我们会对各层节点的组成结构循序渐进地详细剖析。

在可以预见的未来，深度学习领域中神经网络的构成形式或深度学习的实际应用会越来越多。首先我们要从根本上理解CNN的组成结构，这也是为了紧跟深度学习的发展而进行准备。

1.1.4　参数优化

前面几节介绍了机器学习的基本模型和神经网络的必要性，然后概要地介绍了深度学习的特点。思考样本数据的背后构成，并用数学公式将其模型化就是机器学习的起点，也就是"机器学习模型三步走"中的第一步。下一步我们要做的就是对公式中所包含的参数进行调整，使样本数据的误差值最小化。

以1.1.1节"机器学习的基本模型"的预测平均气温为例，来继续讲解后面的步骤。在讲解过程中会用到一些数学公式，为了使读者能更好地理解，其具体运算过程其实不需要太过细究。实际上这部分的计算过程在TensorFlow中是自动运算的。首先需要掌握的是这些公式表达了些什么、起到了什么样的作用。

在这个例子中，为了判断参数的准确性，需要用到如公式（1.2）的误差函数，对应"机器学习模型三步走"中的第二步。随着参数 $w_0 \sim w_4$ 的变化，误差函数的值也会发生变化，可以看成是一个拥有 $w_0 \sim w_4$ 参数的函数。用如下公式来表示。

把公式（1.1）和公式（1.2）重新列出来。

$$y = w_0 + w_1 x + w_2 x^2 + w_3 x^3 + w_4 x^4 \tag{1.5}$$

$$E = \frac{1}{2} \sum_{n=1}^{12} (y_n - t_n)^2 \tag{1.6}$$

公式（1.6）中的 y_n 表示根据公式（1.5）预测得到的 n 月份（$n=1 \sim 12$）的气温值。也就是说，y_n 等于把 $x = n$ 代入公式（1.5）后得到的值。

$$y_n = w_0 + w_1 n + w_2 n^2 + w_3 n^3 + w_4 n^4 = \sum_{m=0}^{4} w_m n^m \tag{1.7}$$

公式（1.7）最后部分改写为求和符号 $\sum$ 时，运用到了对于任意 n，算式 $n^0 = 1$ 都成立的原理。把公式（1.7）代入公式（1.6）之后可以得到如下公式。

$$E(w_0, w_1, w_2, w_3, w_4) = \frac{1}{2} \sum_{n=1}^{12} \left(\sum_{m=0}^{4} w_m n^m - t_n \right)^2 \tag{1.8}$$

虽然公式（1.8）中包含了很多运算符号，但请注意，其中只有 $w_0 \sim w_4$ 这 4 个未知参数。求和符号 $\sum$ 中所包含的 m 和 n 是为了循环所定义的循环因子，t_n 表示图 1.3 中所显示月平均气温的具体观察值。

到此我们看到了误差函数的具体形式，接下来进行机器学习模型中的第三步，即找出使公式（1.8）结果最小的 $w_0 \sim w_4$ 参数值。这么多运算符号看起来很复杂，但如果把它看作 $w_0 \sim w_4$ 的函数，则其实就是一个 2 次函数。数学好的读者，用纸笔一下就可以算出来了吧。通过对 $w_0 \sim w_4$ 分别求偏导数使结果等于 0，其实就是对下面的方程组求解。

$$\frac{\partial E}{\partial w_m}(w_0, w_1, w_2, w_3, w_4) = 0 \, (m = 0, \cdots, 4) \qquad (1.9)$$

偏导数就是对于有多个变量的函数，针对特定的一个变量求导。在求只有一个变量的函数 $y = f(x)$ 的最大值或最小值时，使导数为 0 就可以求得下面方程式的解，其本质其实是相同的。

$$\frac{\mathrm{d}f}{\mathrm{d}x}(x) = 0 \qquad (1.10)$$

对公式（1.8）中的 $w_0 \sim w_4$ 分别求偏导数的部分，喜欢数学的读者可以自行计算。这里我们在公式（1.9）成立的条件下，用图形来讲解一下为什么 E 为最小值。首先，在只有一个变量的情况下，导数 $\frac{\mathrm{d}f}{\mathrm{d}x}(x)$ 表示基于点的切线斜率。当 $f(x)$ 取极大值或极小值时，斜率为 0，公式（1.10）成立。但是，严格意义上来说，在最小值、极大值、极小值、驻点等处，公式（1.10）都是成立的，如图 1.13 所示。假设 $f(x)$ 是一个只拥有最小值的函数（没有其他诸如极大值之类的极值），这时即可确定公式（1.10）就是最小值。

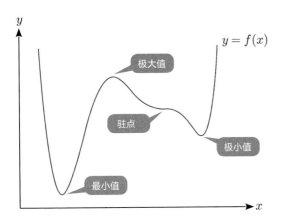

图 1.13 曲线上斜率为 0 的点

类似 $E(w_0, w_1, w_2, w_3, w_4)$ 这类拥有多个变量的函数，要怎么计算呢？这里为了便于理解，先来考虑二次函数的情况。

$$h(x_1, x_2) = \frac{1}{4}(x_1^2 + x_2^2) \tag{1.11}$$

对两个变量分别求偏导数，得出下面的公式。

$$\frac{\partial h}{\partial x_1}(x_1, x_2) = \frac{1}{2}x_1, \quad \frac{\partial h}{\partial x_2}(x_1, x_2) = \frac{1}{2}x_2 \tag{1.12}$$

把公式（1.12）用下面的向量形式表示，一般称之为函数的"梯度"。

$$\nabla h(x_1, x_2) = \begin{pmatrix} \frac{1}{2}x_1 \\ \frac{1}{2}x_2 \end{pmatrix} = \frac{1}{2}\begin{pmatrix} x_1 \\ x_2 \end{pmatrix} \tag{1.13}$$

针对只有一个变量的导函数 $\frac{\mathrm{d}f}{\mathrm{d}x}(x)$，表示基于某点的切线的斜率。同样，梯度用图表示也有着类似的含义。假设以 (x_1, x_2) 坐标平面为基准，描绘函数 $y = h(x_1, x_2)$ 的图形，会得到如图 1.14 所示的锥状体图。梯度 $\nabla h(x_1, x_2)$ 表示沿着锥状体壁向上的向量，其大小 $\|\nabla h(x_1, x_2)\|$ 就是锥状柱体的倾斜度。所以，锥状体越倾斜，梯度也就越长。

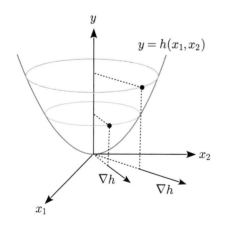

图 1.14　二元函数的梯度示意图

因此从一个任意点 (x_1, x_2) 出发沿着梯度的反方向移动，随着锥状体倾斜度的下降，梯度的大小也会逐渐减小。在这个例子中，最终会到达原点 $(0, 0)$，此时 (x_1, x_2) 的值为最小值，梯度的大小也变为 0。换言之，使 $h(x_1, x_2)$ 值最小的先决条件是要满足 $\nabla h(x_1, x_2) = 0$。

这也是用于求出使 $h(x_1, x_2)$ 为最小值的 (x_1, x_2) 的算法。把目标点位置信息用向量描述为 $\boldsymbol{x} = (x_1, x_2)^\mathrm{T}$，新的位置就可以用下面的公式来计算[④]。

$$x^{\text{new}} = x - \nabla h \tag{1.14}$$

不管从何处出发，无限循环计算下去，最终都会无限逼近原点，如图 1.15 所示。像这样对既有参数通过梯度计算，并向负梯度方向修改参数的算法一般称为"梯度下降法"。函数的图形和其名字一样像下山坡道一样。对于这个例子，严格来说，如果不无限循环修改参数是永远也到达不了原点的，但在实际计算中，只要是十分接近原点的近似值就可以被认为是最优解了。

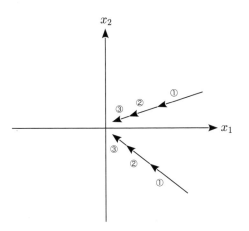

图 1.15　梯度下降法逐渐接近最小值的示意图

---

④　本书中用 x 这样黑体标记的字母，既可以表示行向量，也可以表示列向量，到底是哪种向量可以从定义公式中判断出来。在这里为了表示方便，行向量 (x_1, x_2) 加上转置符 T 来表示列向量。

在这里需要注意修改参数的增量。如果单纯修改公式（1.14）中的参数，有可能修改后超过最小值所在的点。例如下面的两个例子适用同样的方法。

$$h_1(x_1, x_2) = \frac{3}{4}(x_1^2 + x_2^2) \tag{1.15}$$

$$h_2(x_1, x_2) = \frac{5}{4}(x_1^2 + x_2^2) \tag{1.16}$$

首先，分别求梯度，得出以下公式。

$$\nabla h_1 = \frac{3}{2}\begin{pmatrix} x_1 \\ x_2 \end{pmatrix} \tag{1.17}$$

$$\nabla h_2 = \frac{5}{2}\begin{pmatrix} x_1 \\ x_2 \end{pmatrix} \tag{1.18}$$

图1.16展示了应用公式（1.14）后逐渐移动的样子。函数 $h_1(x_1, x_2)$ 移动相应的梯度增量后会超过原点或者在原点周围往返并接近原点，函数 $h_2(x_1, x_2)$ 因为梯度过大反而导致离原点越来越远。

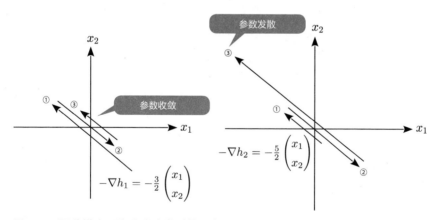

图1.16 两种梯度下降法移动类型的示意图

一般情况下，如果用梯度算法能够无限接近最小值则称为"参数收敛"；反之，离最小值越来越远则称为"参数发散"。实际运用梯度下降法时，并不是单纯地调整梯度的移动值，而是在调整移动值的同时还要防止参数发散。

举例说明，假设 ϵ 为 0.01 或者 0.001 等非常小的数值，根据下面的公式更新参数。

$$x^{\text{new}} = x - \epsilon \nabla h \tag{1.19}$$

一般将 ϵ 称为"学习率"。它的更新可以决定参数调整的精度。如果学习率过小，会导致在到达最小值的过程中参数更新过于频繁，参数的最优化处理过程也会比较耗费时间。但是，如果学习率过大，又容易导致参数发散，不能够取得最优值。

学习率的具体值，需要针对具体问题认真选择，这时就需要用到机器学习实践的技巧。一般情况下，可以先用最小的值来尝试，如果最终参数收敛需要耗费很长时间，就可以尝试把学习率的值调大一点，学习率的调整需要进行类似于此的试错计算。

或者如图 1.13 所示，在拥有多个极小值的情况下，参数收敛到了除最小值以外的极小值。为了避免这种情况，使其到达真正的最小值还需要些技巧。在本书中，为了解决这类问题，使用了随机梯度下降法或小批量梯度下降法。关于这些内容会在接下来的 2.3.4 节"小批量梯度下降法和随机梯度下降法"中介绍。

到此为止，我们探讨了具有两个自变量函数的最优参数优化算法，如果变量数增加，这种思考方式也是可以适用的。例如，为了取公式（1.8）中 $E(w_0, w_1, w_2, w_3, w_4)$ 的最小值，需要决定参数 $w_0 \sim w_4$ 的值，用向量 $\boldsymbol{w} = (w_0, w_1, w_2, w_3, w_4)^{\text{T}}$ 来表示这些参数，选取一个适当的初始值作为学习率，用下面的公式逐渐更新参数。

$$\boldsymbol{w}^{\text{new}} = \boldsymbol{w} - \epsilon \nabla E(\boldsymbol{w}) \tag{1.20}$$

在这里，梯度用下面的公式来表示。

$$\nabla E(\boldsymbol{w}) = \begin{pmatrix} \dfrac{\partial E}{\partial w_0}(\boldsymbol{w}) \\ \vdots \\ \dfrac{\partial E}{\partial w_4}(\boldsymbol{w}) \end{pmatrix} \qquad (1.21)$$

请注意，每次对公式（1.20）的参数进行更新计算时，都需要用公式（1.21）对当前点的梯度值进行再计算。对于像公式（1.8）这种级别的运算，用纸笔先求偏导，然后再算出梯度的函数形式也是可行的；但对于像公式（1.21）这种公式，每次更新参数值，然后再算出具体结果值，用纸笔来计算是不太现实的。

在实际中对于这么复杂的运算，就需要用到计算机来自动化进行计算了。这也是 TensorFlow 对于机器学习或者深度学习来说所承担的主要职责。对于预测平均气温这样问题用 TensorFlow 来编码计算，需要如下三个步骤。

① 对公式（1.7）预测的平均气温数学模型编码。

② 对用来评价公式（1.7）中所包含参数是否准确的误差函数公式（1.8）编码。

③ 针对图1.3 中所显示的12个月份的平均气温数据，找出并决定能使误差函数值最小的参数值。

这三步刚好与"机器学习模型三步走"的三步相一致。第三步基本全是由 TensorFlow 自行运算的，在实际编码中可能需要指定使用梯度下降法的算法或者指定学习率数值。在第三步中，参数最优化使用的数据集合称为"训练集"。当训练集的数据量过于庞大时，就不能一次把数据全部投入，需要分阶段边投入数据边实行参数优化等训练技巧。

类似于这种可以用于实践的方法，之后会贯穿本书进行详细解读。在这里，我们区分一下一般的机器学习框架和 TensorFlow 的不同之处。一般的机器学习框架和 TensorFlow 都是按照上述的第一至第三步进行编码执行的，这点两者之间没有什么不同。但是不同之处在于 TensorFlow 是针对深度学习使用的大规模神经网络，可以把第三步的计算效率显著提升。

在深度学习领域，像图1.2所示的用CNN实现手写数字识别的分类处理一样，会用到很多卷积核和池化层等特殊函数，甚至之后会多层结合。如果把这个整体看成一个函数，就不是单纯计算偏导数这么简单的问题了。像这种针对复杂的神经网络求偏导数并计算梯度，再针对求得的梯度应用梯度下降法优化参数的算法，TensorFlow已经有现成的API可以使用，这也是TensorFlow最大的特点。

甚至像卷积核或池化层这种级别的函数也有API可以直接调用。把这些函数组合起来，对于更加复杂的神经网络公式也可以通过简洁的代码来实现。而且在实际的计算处理中，还可以运用服务器所搭载的GPU来实现高速数值运算，或者通过多个服务器实现并行运算。关于GPU的使用方法和并行运算，本书不做过多介绍，但在TensorFlow的实践中是非常有用的功能。

1.2 环境准备

为了实际运行TensorFlow代码，本节将安装一下可以直接运行示例代码的环境。虽然可以直接安装TensorFlow，但是为了能够相对简单地同时对应多种环境，我们已经预先准备好了一个已经安装完TensorFlow的Docker容器镜像文件，只需启动Docker，运行环境即可随之启动[5]。在Linux、Mac OS X、Windows等环境中，都可以使用Docker启动运行环境。Docker就是把执行应用需要用到的所有文件全部做成"容器镜像"，并且在Linux环境中可以直接执行该应用的软件。

在这个环境中，除了安装TensorFlow，还安装了开源软件Jupyter。Jupyter可以通过网页上的Notebook来进行数据分析处理。图1.17是在浏览器中使用Jupyter编写并执行对话式的Python代码。

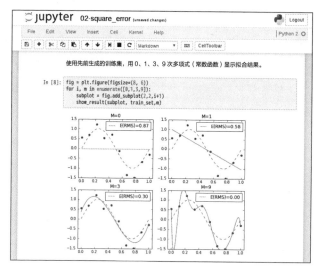

图1.17 Jupyter Notebook界面示意图

---

⑤ 做成容器镜像文件的 Dockerfile 已经在 GitHub（https://github.com/enakai00/jupyter_ tensorflow）上公开。希望自己制作容器镜像的读者，可以学习参考。

这里我们以 CentOS 7 为例来介绍环境安装的方法。如果已经安装了
Docker 的其他 Linux 版本，安装步骤也大致是一样的。另外，在本书的附录中
有 Mac OS X 以及 Windows 系统下的环境安装步骤，可以供读者参考。

关于 TensorFlow 的版本，本书写作时的最新版本为 0.9.0（GPU 非对应版
本）。TensorFlow 分别提供了对应 Python 以及 C/C++ 版本的包，一般使用 Python
代码的情况较多。本书所提供的容器镜像环境是基于 Python 2.7 版本的。硬件
环境，需要 4 核 CPU 和 4GB 以上内存。若内存不够，第 4 章和第 5 章的部分示
例代码有可能不能运行，还请注意。

1.2.1　基于 CentOS 7 环境的安装步骤

用 CentOS 7 的 Docker 容器启动 Jupyter 后，通过外部浏览器经由网络连接
即可使用，如图 1.18 所示。使用 Web 浏览器连接时，需要简易密码验证，但是
其通信线路并未加密。如果是用家庭私有网络等搭建，最好在可以信任的网络
环境中使用[6]。

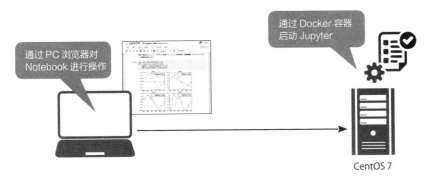

图 1.18　通过网络连接使用 Jupyter 示意图

---

⑥　通过网络环境使用公有云的虚拟机时，一般会通过 SSH 管道协议来对通信线路进行
　　加密。具体实现步骤可参考笔者的博客文章"通过 GCP 来使用 Jupyter 的方法（使用
　　GCE 的 VM 实例）"（http://enakai00.hatenablog.com/entry/2016/07/03/201117）。

把CentOS的基础构成包导入服务器中。在CentOS的官方下载网站中选择"DVD ISO"，会有很多镜像网站显示出来，可以任意选择一个网站下载。

• Download CentOS（https://www.centos.org/download/）

安装完成后，用root用户登录并进行下面的操作。用下面的命令更新软件包，并重新启动系统（#后为命令行代码）。

```
# yum -y update↵
# reboot↵
```

系统重新启动后，再次用root用户登录。安装Docker后，设置Docker服务有效并启动。

```
# yum -y install docker↵
# systemctl enable docker.service↵
# systemctl start docker.service↵
```

执行下面的命令后，会从云端的Docker HUB把容器镜像文件下载下来，并通过容器启动Jupyter[⑦]。"\"为命令行中需要改行时所用的换行符。

---

⑦ 可能会出现"Usage of loopback devices is strongly discouraged for production use."的警告信息，可以无视。

```
# mkdir /root/data↵
# chcon -Rt svirt_sandbox_file_t /root/data↵
# docker run -itd --name jupyter -p 8888:8888 -p 6006:6006 \↵
    -v /root/data:/root/notebook -e PASSWORD=password \↵
    enakai00/jupyter_tensorflow:0.9.0-cp27↵
```

　　选项"-e PASSWORD"是通过Web浏览器连接Jupyter时需要输入的验证
密码，本例中设为"password"。

05

　　容器启动后，可以用下面的命令行来确认启动状态（第二行以后为输出
结果）。

```
# docker ps↵
CONTAINER ID       IMAGE                               COMMAND
CREATED            STATUS          PORTS
NAMES
8eaf692903e5       enakai00/jupyter_tensorflow:0.9.0-cp27 "/usr/local/
                   bin/init."
5 seconds ago      Up 3 seconds 0.0.0.0:6006->6006/tcp,0.0.0.0:
                   8888->8888/tcp
jupyter
```

06

　　到这里，TensorFlow的环境安装工作就完成了。打开浏览器访问URL
"http://<服务器IP地址>:8888"，就会出现输入密码的页面，输入刚才的密码
之后，可以看到如图1.19所示的页面。接下来我们继续1.2.2节"Jupyter的使
用方法"的学习。

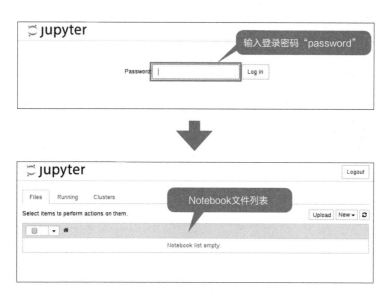

图 1.19 Jupyter启动界面示意图

下面分别是容器停止、启动、删除时所用的命令。

```
# docker stop jupyter⏎
# docker start jupyter⏎
# docker rm jupyter⏎
```

如果按上文所描述的步骤启动容器，Jupyter生成的Notebook会保存在目录 /root/data下面，即使删除容器，这些文件也还是会保留的。此时按照步骤04 的第三行代码依次启动容器，可以继续使用相同的Notebook。

1.2.2 Jupyter 的使用方法

Jupyter 是可以在 Notebook 中打开文件，并在其中直接运行 Python 代码的 交互式代码运行环境。一个 Notebook 可以有多个 cell（单元），在一个 cell 中可 以执行命令并记录该命令的运行结果。

01

Notebook的初始页面还没有文件，如图1.19所示。按照如图1.20所示的步骤，新建一个Notebook并打开。在Notebook初始页面的右侧依次选择"New"→"Python 2"，就可以打开一个新的Notebook。默认标题为"Untitled"，单击这部分内容可以自由编辑设定。设好后的标题加后缀".ipynb"就是Notebook的文件名。

图1.20　新建 Notebook文件

02

输入Python代码后按住［Ctrl］+［Enter］组合键，就可以直接显示代码执行结果，如图1.21所示。代码和执行结果这两部分称为一个cell。cell执行的结果会保存在内部，一个cell中设置的变量值，在下一个cell中也可以参照。除了指定print关键字来表示运行结果外，最后一行执行代码的返回值也会显示出来。例如，只输入变量名，其值也会显示出来。

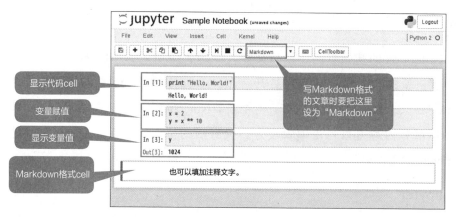

图1.21 Notebook使用方法示意图

关于Jupyter Notebook的相关内容

当添加新的cell或者上下移动cell位置时，可以分别单击界面中的
"＋""↑""↓"按钮，也可以使用表1.1中的快捷键。这些快捷键在按
下［Esc］键后的"命令行模式"中可以使用。在命令行模式中选择cell，
再按下［Enter］键就会返回该cell的编辑模式。

另外，cell有几种格式，其中常用的有Code格式和Markdown格式。
Code格式在输入代码后是可以直接执行的，而Markdown格式则是为了写
一些说明性的内容。

表1.1 Jupyter Notebook快捷键

快捷键	说明
［Esc］	进入代码模式
［Enter］	返回cell编辑模式
［A］	在当前cell上方添加cell（Above）
［B］	在当前cell下方添加cell（Bottom）
［C］	复制当前cell
［X］	剪切当前cell
［Shift］+［V］	在当前cell之上粘贴cell
［V］	在当前cell之下粘贴cell
［Y］	cell改为代码格式
［M］	cell改为Markdown格式
［Ctrl］+［S］（Mac OS X为⌘+［S］）	Notebook保存至文件

　　如果当前文本格式为Markdown格式，按住［Ctrl］+［Enter］组合键
会格式化显示。cell的格式既可以通过页面顶部的工具栏改变，也可以通
过快捷键改变。

　　步骤02介绍了cell执行的结果会保存在内部，也就是被保存在Kernel的
进程中。如果希望从头开始执行代码，并把之前的执行结果全部清空，可以
从Kernel工具栏中选择重启菜单，如图1.22所示。如果执行"Restart & Clear
Output"，之前保存在Kernel中的输出结果会随着重新启动而被全部清空。

图1.22　Kernel的重启菜单

　　若希望把Notebook中的文件导出并保存，可以依次选择"File"→
"Download as"→"Notebook(.ipynb)"菜单，如图1.23所示。保存后的文件
可以单击图1.19所示的Notebook初始页面右上角的"Upload"按钮来导出。

图1.23　导出Notebook文件

关闭已编辑完成的 Notebook 后,其对应的 Kernel 进程还是会继续存活的,如果再次打开该 Notebook,进程会从关闭时的状态重新开启。但是,如果执行中的 Kernel 数量很多,则可能会使服务器的内存溢出,所以建议如果是不再使用的 Kernel 就尽量随时停掉。单击图 1.19 所示的 Notebook 初始页面的 "Running" 选项卡,会显示当前运行的进程,单击 "Shutdown" 按钮即可将其关闭。

到此为止,我们介绍了 Jupyter 的基本使用方法。有关其详细介绍,请参考 Jupyter 官方网站中的文档。

• Jupyter Documentation(http://jupyter.readthedocs.io/en/latest/index.html)

03

下载记载有本书中所有示例代码的 Notebook。打开一个新的 Notebook cell,然后执行下面的命令。

```
!git clone https://github.com/enakai00/jupyter_tfbook
```

在 Notebook 的 cell 中,如果命令的开头有 "!",就表示在容器内执行 Linux 命令。上述命令行就是用 git 命令通过网络下载 GitHub 上公开的 Notebook 文件。

04

关闭 Notebook 的窗口,返回 Notebook 初始页面会出现文件夹 "jupyter_tfbook"。在这个文件夹下面还有 "Chapter01" "Chapter02" 等章节的文件夹,其中保存了各章节所用到的示例代码的 Notebook 文件。为了不丢失原来 Notebook 文件中的内容,建议先复制后再使用。选择文件后单击 "Duplicate" 按钮复制,然后选择复制后的文件,单击 "Rename" 按钮修改为任意文件名,如图 1.24 所示。

图 1.24   复制 Notebook 文件后再使用

　　另外，在 Notebook 中，代码 cell 的上方会有注释并以 [LSE-01] 的形式标签作为开头，如下所示。引用本书的示例代码时，可以通过这个标签来找到对应 Notebook 中的 cell。每个 cell 中还标有行号，当然行号是不需要输入的。如果没有行号，就是结果输出行，所以也没有输入行号的必要。

[LSE-01]

```
1:import tensorflow as tf
2:import numpy as np
3:import matplotlib.pyplot as plt
```

1.3 TensorFlow 概览

本节将通过 TensorFlow 对 1.1.1 节"机器学习的思考方式"所介绍的预测月平均气温问题进行求解。反映在数学中就是用最小二乘法来计算决定能使预测值和观测值平方误差最小的参数。我们不从复杂的应用问题入手,而是先从这个相对简单的问题入手来学习 TensorFlow 的基本知识。

1.3.1 用多维数组表示模型

TensorFlow 在计算中所用到的数据全部都是多维数组[8]。多维数组听起来很复杂,但其实矩阵就可以看作是个二维数组。接下来,我们用矩阵来表述数据之间的关系,并尝试用 TensorFlow 的代码来实践一下。

例如,通过公式(1.7)来计算预测 n 月份的平均气温值,其实也可以用如下矩阵形式来表述。

$$y_n = (n^0, n^1, n^2, n^3, n^4) \begin{pmatrix} w_0 \\ w_1 \\ w_2 \\ w_3 \\ w_4 \end{pmatrix} \tag{1.22}$$

可能有些读者会认为这不是矩阵而应该是向量。当然,在这里可以把 $(n_0, n_1, n_2, n_3, n_4)$ 看作是 1×5 的行向量,$(w_0, w_1, w_2, w_3, w_4)^T$ 看作是 5×1 的列向量[9]。这样就可以用一个算式把 12 个月的数据全部显示出来。

---

[8] 数学中用"Tensor"来表示多维数组。"TensorFlow"的名称也是由此而来。

[9] 一个 $M \times N$ 的矩阵是一个由 M 行 N 列元素排列成的矩形阵列。

$$y = Xw \tag{1.23}$$

其中y, X, w分别是下面所定义的向量以及矩阵。

$$y = \begin{pmatrix} y_1 \\ y_2 \\ \vdots \\ y_{12} \end{pmatrix}, X = \begin{pmatrix} 1^0 & 1^1 & 1^2 & 1^3 & 1^4 \\ 2^0 & 2^1 & 2^2 & 2^3 & 2^4 \\ & & \vdots & & \\ 12^0 & 12^1 & 12^2 & 12^3 & 12^4 \end{pmatrix}, w = \begin{pmatrix} w_0 \\ w_1 \\ w_2 \\ w_3 \\ w_4 \end{pmatrix} \tag{1.24}$$

需要注意的是，这些变量各自具有不同的职责。X表示构成训练集的数据集。在TensorFlow中，把保存训练集的数据集变量记为"Placeholder"。w表示待实施优化的参数，像这样的参数被记为"Variable"。y就是由Placeholder和Variable计算出的结果值。在TensorFlow中并没有具体的变量名，本书将其称为"计算结果值"。

接下来需要用平方误差公式（1.6）来对参数进行最优化处理，它是由预测值y和训练集数据t所计算出的结果值。t表示由n月份的实际平均气温t_n组成的纵向矩阵。

$$t = \begin{pmatrix} t_1 \\ t_2 \\ \vdots \\ t_{12} \end{pmatrix} \tag{1.25}$$

如果用普通的矩阵运算来表示公式（1.6）是做不到的。在这里稍微做个巧妙的变通，定义一种新的运算方法。针对普通的向量$v = (v_1, v_2, \cdots, v_N)^\mathrm{T}$定义如下两个运算公式。

$$\text{square}(\boldsymbol{v}) = \begin{pmatrix} v_1^2 \\ v_2^2 \\ \vdots \\ v_N^2 \end{pmatrix} \tag{1.26}$$

$$\text{reduce\_sum}(\boldsymbol{v}) = \sum_{i=1}^{N} v_i \tag{1.27}$$

square 表示对向量的每个元素求平方，reduce_sum 表示对向量的各个元素求和。利用这些算式可以表示出公式（1.6）了。

$$E = \frac{1}{2}\text{reduce\_sum}(\text{square}(\boldsymbol{y} - \boldsymbol{t})) \tag{1.28}$$

这样，针对预测平均气温的函数公式（1.23）以及判断其中包含的参数是否最优化的误差函数公式（1.28），就可以用矩阵的形式来进行运算。换言之，就可以用 TensorFlow 的基本数据类型多维数组来进行运算了。当然用对应的TensorFlow 代码来实现也就顺理成章。

我们来回忆一下公式（1.23）和公式（1.28），也就是分别对应"机器学习模型三步走"中的第一步和第二步。对于公式（1.28），我们稍加变通加入了新的运算方法 square 和 reduce_sum，在后面章节的 TensorFlow 介绍中，会有与其相对应的函数。

1.3.2　TensorFlow代码实现

接下来，用 TensorFlow 代码来实践一下呢。如果是正式写代码，需要做成模型类，还要考虑代码的模块化等。但是在这里为了能够简要说明，我们就在 Jupyter Notebook 上直接写代码。与本节对应的 Notebook 为 "Chapter01/ Least squares expample.ipynb"。建议把该 Notebook 打开，边阅读本节内容边执行代码。刚打开 Notebook 可能还保存了之前执行的结果，单击如图1.22所示的目录中的"Restart & Clear Output"，就可以清空之前的执行结果。

导入TensorFlow的本体模块、科学计算库NumPy和数据可视化库matplotlib。

[LSE-01]

```
1:import tensorflow as tf
2:import numpy as np
3:import matplotlib.pyplot as plt
```

然后定义一个变量对应于公式（1.24），声明tf.placeholder是32位浮点数，是用于存储训练集的"Placeholder"。

[LSE-02]

```
1:x = tf.placeholder(tf.float32,[None,5])
```

有关tf.float32

第一个参数tf.float32，指定了矩阵系数的数据类型。TensorFlow中具有代表性的数据类型，请参照表1.2。X本身应该是整数，但是为了后面要进行浮点数计算，所以在这里指定其数据类型为tf.float32。第二个参数[None,5]表示矩阵的大小。例如，在公式（1.24）中，X为12×5的矩阵，在这里请注意12表示训练集数据的数量。在参数优化处理过程中，并不是代入所有训练集的数据，而是将其中一部分数据代入"Placeholder"，这里将其指定为[None,5]也就是训练集数据量的大小设为[None,5]。对TensorFlow来说，就代表可以代入任意的数据量来计算。

表 1.2 TensorFlow 的主要数据类型

数据类型	说明
tf.float32	32 位浮动数
tf.float64	64 位浮点数
tf.int8	8 位有符号整型
tf.int16	16 位有符号整型
tf.int32	32 位有符号整型
tf.int64	64 位有符号整型
tf.string	字符串（可变长度的字节数组）
tf.bool	布尔型
tf.complex64	由两个 32 位浮点数组成的复数：实数和虚数

03

如果公式（1.23）的 X 只代入一部分数据会怎么样呢？例如，只把最开始的三个月的数据代入可以得到如下的算式。

$$\begin{pmatrix} y_1 \\ y_2 \\ y_3 \end{pmatrix} = \begin{pmatrix} 1^0 & 1^1 & 1^2 & 1^3 & 1^4 \\ 2^0 & 2^1 & 2^2 & 2^3 & 2^4 \\ 3^0 & 3^1 & 3^2 & 3^3 & 3^4 \end{pmatrix} \begin{pmatrix} w_0 \\ w_1 \\ w_2 \\ w_3 \\ w_4 \end{pmatrix} \qquad (1.29)$$

顺利的话，这样就可以计算出对应前三个月的预测值。也就是说，公式（1.23）的成立并不依赖于赋给 X 的数据量。接下来，我们把这个关系用 TensorFlow 的代码实践一下。

04

定义与公式（1.24）相对应的变量 w。

[LSE-03]
```
1:w = tf.Variable(tf.zeros([5,1]))
```

这里定义了 tf.Variable 的函数，它相当于待实施优化的参数 "Variable"。参数 tf.zeros([5,1]) 作为变量的初始值，它是一个所有矩阵元素为 0 的 5×1 矩阵。当然，也可以把初始值赋为一个除 0 以外的常量或者一个随机数变量。

05

那么，公式（1.23）就可以用下面的代码来表示了。

[LSE-04]

```
1:y = tf.matmul(x,w)
```

tf.matmul 是矩阵的乘法函数，再结合刚才定义的 Placeholder x 和 Variable w 就可以把公式（1.23）完整地表现出来。需要注意的是，x 还没有代入具体的值，y 的值也未定。之前我们把公式（1.23）的结果称为 "计算结果值"，这里还仅仅是定义了函数关系，实际的计算过程将在后面另外执行。

06

接下来用 TensorFlow 的代码定义误差函数公式（1.28）。公式（1.28）的右侧包含了刚才用代码表示的预测气温以及实际观测气温。接下来与刚才一样，定义训练数据集并存储在 "Placeholder" 中。

[LSE-05]

```
1:t = tf.placeholder(tf.float32,[None,1])
```

07

公式（1.25）是一个 12×1 的矩阵，这里把矩阵大小设为 [None,1]。这样误差函数公式（1.28）就可以用如下代码表示。

```
1:loss = tf.reduce_sum(tf.square(y-t))
```

tf.reduce_sum和tf.square分别对应reduce_sum和square函数。另外，前面的1/2在这里被故意省略掉了。因为我们的目的是求能使E为最小值的参数大小，有或没有前面的1/2对结果并没有影响，所以为了代码简洁易懂，在此将其省略。

08

到这里我们就把"机器学习模型三步走"中的第一和第二步用TensorFlow代码实现了。接下来我们继续实现第三步，计算能使平方误差E为最小值的参数大小。1.1.4节"用TensorFlow优化参数"已经讲到，在TensorFlow中已经内置了用梯度下降法来优化参数的算法。在这里我们选择用来优化训练集的优化器算法。

[LSE-07]

```
1:train_step = tf.train.AdamOptimizer().minimize(loss)
```

tf.train.AdamOptimizer是TensorFlow提供的一种训练集优化器算法。对于给定的训练集数据，通过误差函数计算，并沿梯度反方向修改参数，对应公式（1.20）所进行的运算，可以自动调节学习率参数。相较而言，它的计算性能非常好，因为无需手动调整学习率，所以它是在深度学习中被广泛采用的算法之一。最后的方法minimize(loss)，是指对刚才定义的误差函数loss求出其最小值。

到此，执行机器学习的准备工作就结束了。之后我们将实际开始运用训练集优化器算法，求出能使误差函数取得最小值的参数。

1.3.3 通过Session执行训练

01

在TensorFlow中，要新建Session来作为运行训练集优化算法的环境，然后代入参数，也就是Variable的值进行计算。下面先新建一个Session，然后对Variable进行初始化处理。

[LSE-08]
```
1:sess = tf.Session()
2:sess.run(tf.initialize_all_variables())
```

首先新建一个Session并赋值给sess。一般情况下，会定义多个Seesion，在不同的Session中分别执行不同的运算，如图1.25所示。当［LSE-03］定义w时不放具体值，而是等到Session执行，放入参数tf.initialize_all_variables()，并在此时对Session内的Variable值进行初始化。

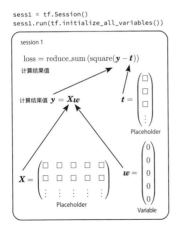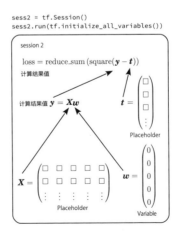

图1.25 在Session中管理变量值的结构示意图

接下来，在Session中执行训练集优化器算法。这就需要把训练集数据代入Placeholder，所以我们需要定义训练集数据。

[LSE-09]

```
1:train_t = np.array([5.2,5.7,8.6,14.9,18.2,20.4,
2:                    25.5,26.4,22.8,17.5,11.1,6.6])
3:train_t = train_t.reshape([12,1])
4:
5:train_x = np.zeros([12,5])
6:for row,month in enumerate(range(1,13)):
7:    for col,n in enumerate(range(0,5)):
8:        train_x[row][col] = month**n
```

在这里我们把使用了NumPy的array数组定义的测试集数据代入到t和X中。array数组为Python的list容器弥补了很多数组运算方面的不足。train_t就是实际观测的气温数据，对应图1.3中的纵轴值，是一个12×1的矩阵。上述代码的第1~2行定义了一个一维数组，在第3行中将其转换为12×1的矩阵，第5~8行是对train_x进行循环处理并设为如公式（1.24）所示的12×5的矩阵。

接下来就是使用梯度下降法来优化参数的阶段了。下面的代码［LSE-07］用定义好的训练集优化器算法，像公式（1.20）一样把参数循环修改100 000次。每循环10 000次，就计算并打印出误差函数值。

[LSE-10]

```
1:i = 0
2:for _ in range(100000):
3:    i += 1
4:    sess.run(train_step,feed_dict={x:train_x,t:train_t})
5:    if i % 10000 == 0:
6:        loss_val = sess.run(loss,feed_dict={x:train_x,t:train_t})
7:        print('Step: %d,Loss: %f' %(i,loss_val))
```

```
Step: 10000,Loss: 31.014391
Step: 20000,Loss: 29.295158
Step: 30000,Loss: 28.033054
Step: 40000,Loss: 26.855808
Step: 50000,Loss: 25.771938
Step: 60000,Loss: 26.711918
Step: 70000,Loss: 24.436256
Step: 80000,Loss: 22.975143
Step: 90000,Loss: 22.194229
Step: 100000,Loss: 21.434664
```

上述代码的第4行是通过在Session中执行训练集优化器算法train_step来修改Variable变量 w，并用选项feed_dict对Placeholder设置具体数据。像示例代码中一样，需要把表示Placeholder的变量作为词典的键值进行设置。另外，在第6行代码中，Session执行计算时，参数中的loss为评价函数，它会在计算结果值时发挥作用。也就是说，在Session中会用此时Variable值进行计算并返回。Placeholder通过参数feed_dict来设置指定数据。

从打印结果看，参数不断地循环修正，误差函数的值会逐渐减小。在第50 000～60 000次循环中，误差有一瞬间的增长，之后又逐渐减小。这种现象与训练集优化器算法有关，一般情况下，梯度下降法会像这样随着循环变动，整体上会逐渐接近误差函数的最小值。

04

但在实际中判断数值究竟减小到多少为最小值，并没有那么简单[⑩]。为了保险起见，再追加100 000次循环训练。

[LSE-11]

```
1:for _ in range(100000):
2:   i += 1
3:   sess.run(train_step,feed_dict={x:train_x,t:train_t})
4:   if i % 10000 == 0:
5:       loss_val = sess.run(loss,feed_dict={x:train_x,t:train_t})
```

⑩ 2.1.3节"通过测试集验证"会对测试集验证方法进行介绍。

```
6:          print('Step: %d,Loss: %f' %(i,loss_val))
```

```
Step: 110000,Loss: 20.749628
Step: 120000,Loss: 20.167929
Step: 130000,Loss: 19.527676
Step: 140000,Loss: 18.983555
Step: 150000,Loss: 18.480526
Step: 160000,Loss: 18.012512
Step: 170000,Loss: 17.615368
Step: 180000,Loss: 17.179623
Step: 190000,Loss: 16.879869
Step: 200000,Loss: 20.717033
```

05

最后误差值又增加了，我们在这里停止训练，确认此时的参数值。

[LSE-12]

```
1:w_val = sess.run(w)
2:print w_val
```

```
[[ 6.10566282]
 [-4.04159737]
 [ 2.51030278]
 [-0.2817387 ]
 [ 0.00828196]]
```

上述代码的第1行与［LSE-10］的第6行代码相同，都是为了对Session中
Variable变量w进行评价。因为Placeholder值并不受Variable值的影响，所以
这里就没有必要指定选项feed_dict。取到的值是NumPy的array数组类型对象，
调用print后，会以矩阵的形式打印出来。

接下来，把结果代入下面函数中进行预测气温的计算。

$$y(x) = w_0 + w_1 x + w_2 x^2 + w_3 x^3 + w_4 x^4 = \sum_{m=0}^{4} w_m x^m \qquad (1.30)$$

[LSE-13]

```
1:def predict(x):
2:    result = 0.0
3:    for n in range(0,5):
4:        result += w_val[n][0] * x**n
5:    return result
```

然后把这个函数用图形描绘出来。

[LSE-14]

```
1:fig = plt.figure()
2:subplot = fig.add_subplot(1,1,1)
3:subplot.set_xlim(1,12)
4:subplot.scatter(range(1,13),train_t)
5:linex = np.linspace(1,12,100)
6:liney = predict(linex)
7:subplot.plot(linex,liney)
```

上述代码使用matplolib提供的pyplot模块功能，第1行表示新建一个图形领域，第2行是定义描绘图领域的对象。一般情况下可以在一个图形领域中并排生成多个图，例如，fig.add_subplot的参数（1, 1, 1）就是以（y, x, n）的形式定义在纵向y个、横向x个的领域中位于第n个图。n的值要注意是从1开始而不是从0开始。图 1.26 是图形领域的排序示意图。

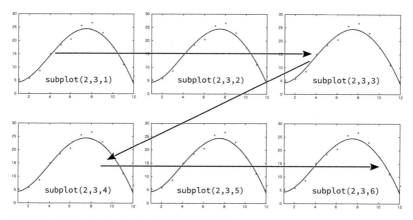

图1.26 图形领域（subplot）的排序示意图

上述代码的第3行设置了x轴的显示范围，第4行对训练集数据即实际观测到每个月的平均气温绘制散点图。用pyplot模块画图时，一般会有"x轴方向的数据列表"和"y轴方向的数据列表"两个参数。

接下来，上述代码的第5~7行把［LSE-13］中的函数用图描绘了出来。第5行的np.linspace（1, 12, 100）是指在x=1~12内生成元素为100的等间隔数列，返回一个NumPy的array数组。linex代表了x轴上100个点所对应的x值，把x轴上这些点所对应的值连接起来后显示为一条平滑曲线。把这个列表代入第6行的函数中会得到每个点对应的函数值列表，返回的也是一个NumPy的array数组。array对象有一个非常方便的特性，在应该代入单一值scale的函数中如果代入一个array对象，会得到该array对象中元素分别计算后的函数值array对象[11]。第7行是把结果用折线图描绘出来。到此处为止的结果，在Notebook中会有如图1.27所示的图形显示出来。

---

[11] 严格来说，这样调用函数需要满足一定条件才可以，但在此例中，只对参数进行计算处理，所以是没有问题的。NumPy提供的大部分函数需要满足一定条件，一般被称为"通用函数"。

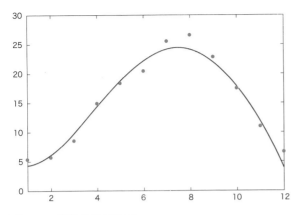

图1.27 训练结果示意图

  实际上，这个问题不用梯度下降法，用纸笔也可以非常精确地计算出来。实际的误差函数 loss 最小值大约为 12，预测气温的结果图就是 1.1.1 节 "机器学习的基本模型" 中的图 1.4。[LSE-11] 计算得到的最小值虽然并没有十分准确，但是与图 1.4 对比来看，图 1.27 的结果也并没有相差太多。

  以上就是写 TensorFlow 代码时的基本流程。把 "机器学习模型三步走" 的每步分别按步骤用代码实现更加便于理解。在代码中用到的 NumPy 和 matplotlib 等工具包，不仅限于 TensorFlow，这些工具包在统计分析领域也常常被用来进行科学计算和数据可视化等工作。

第 2 章

分类算法基础

图2.1所示是在第1章的开头中出现过的CNN整体图。本书的目的是通过让读者了解构成神经网络的各个节点的功能来从根本上理解CNN或深度学习的总体结构。很有意思的一点是，图2.1中所示的神经网络也可以按照从右到左的顺序来依次理解，因为在某种程度上神经网络也可以理解为是在从右往左的扩张过程中逐渐形成的。

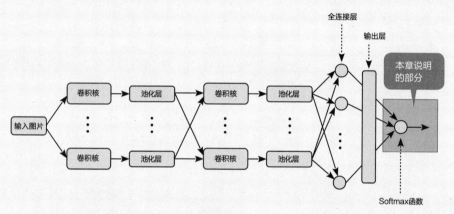

图2.1 CNN的整体示意图与本章说明的部分

例如，仅靠最右边的"Softmax函数"就能形成一个"世界上最简单的"神经网络。虽然只靠它也能够实现手写数字识别，但是识别的准确度没有那么高。如果在它的前面增加"全连接层"后再组成新的神经网络，则能稍微提高一些识别的准确度。

像这样通过在已有结构前增加一个新的结构，可以逐渐提高神经网络的识别准确度。本书的讲解方法就是像这样一步一步依次增加结构并逐层解析，以便读者更加容易理解。那么接下来作为第一步，本章就来讲解在图2.1中最右边的"Softmax函数"，也就是通常称为"线性分类器"或者"感知器"的节点的功能。

2.1　逻辑回归之二元分类器

1.1.2节"神经网络的必要性"中介绍了一个很简单的例子,在其对病毒感染概率的计算中,对输入数据进行分类的结果有"已被病毒感染"和"未被病毒感染"两种,一般把这种分类模型称为"二元分类器"。但并不是简单粗暴地分为两个类别,而是通过计算概率后用概率值来进行分类。这里突然需要进行概率计算,有些读者可能会担心后面的内容会越来越复杂,其实完全不必担心。本节还是按照之前数次演练过的"机器学习模型三步走",一起来逐步深入了解。

① 想出基于样本数据来预测未知数据的公式;

② 准备可以判断公式中的参数是否最优的误差函数;

③ 决定能使误差函数取最小值的参数。

2.1.1　利用概率进行误差评价

为了再次明确要解决的问题,再来回顾一下在第1章中出现过的图。图2.2所示是预查设备检查结果与实际感染状况示意图,其中x_1和x_2分别为某病毒感

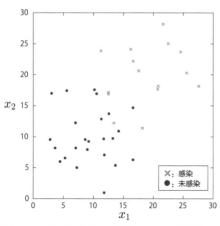

图2.2　预查设备检查结果与实际感染状况示意图

染的预备检查结果的两种数值，以此为基础，确认是否感染病毒。我们的目标就是假如给定一个新的检查结果$(x_1，x_2)$，能够判断出这名患者实际上有没有被感染。

首先要做的不是简单地将数据分为两类，而是要建立一个能够计算出这名患者感染病毒概率$P(x_1,x_2)$的公式。具体来讲，先将(x_1,x_2)的平面用直线分割，并假定直线上的点概率为$P=0.5$，那么直线的上下部分离直线越远，概率就会逐渐向$P=0$或$P=1$变化，如图2.3所示。

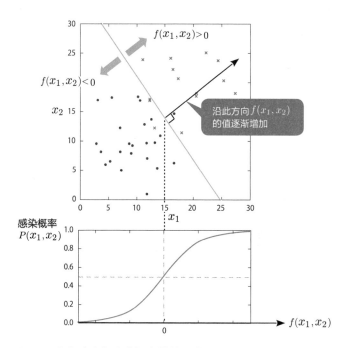

图2.3　直线分类与感染概率转换示意图

像这样不是简单地一分为二，而是通过计算概率后进行预测有什么意义吗？事实上这种做法有很多优点，但在这里我们只特别提一点，那就是这样做有利于后续能够定义出判断参数是否为最优的误差函数。接下来我们具体讲解。

首先，参考1.1.2节"神经网络的必要性"介绍的内容，可以把平面用关于(x_1,x_2)的直线用如下公式表示。

$$f(x_1, x_2) = w_0 + w_1 x_1 + w_2 x_2 = 0 \qquad (2.1)$$

可以看到，随着$f(x_1, x_2)$的值离边界线越来越远，结果值会越来越趋于$\pm\infty$，如果把它代入Sigmoid激活函数，就可以得到一个0～1的概率值。Sigmoid激活函数$\sigma(x)$就是一个从0～1逐渐平滑变化的函数，如图2.3的下图所示。下面列出的公式在之后的计算过程中可能不会用到，但是如果读者有一定的数学基础，可以参考一下这个Sigmoid激活函数的具体公式。

$$\sigma(x) = \frac{1}{1 + e^{-x}} \qquad (2.2)$$

那么，对于检查结果值(x_1, x_2)，我们就可以通过下面的公式来计算出感染病毒的概率。

$$P(x_1, x_2) = \sigma(f(x_1, x_2)) \qquad (2.3)$$

这里对应了"机器学习模型三步走"中的第二步。这个公式是基于公式（2.1）的，其中包含了未知参数w_0、w_1、w_2，那么接下来就需要定义参数值是否最优的判断标准（第二步），最后决定最优值（第三步）。

这里可以尝试运用概率学的思考方式。可能具体做法有些烦琐。首先，假设参数w_0、w_1、w_2已经有了具体的值，然后尝试对测试数据进行预测。预测的过程为，假设测试数据的数据量全部加起来有N个，我们针对第n个数据进行预测。该数据是否被感染，也就是被感染的预测结果是否"正确"的值用t_n=0, 1表示。若被感染用t_n=1表示，若没有被感染用t_n = 0表示。

然后根据这个模型，第n个数据被感染的概率就可以表示为$P(x_{1n}, x_{2n})$，根据这个概率的大小来判断是否被感染。如果恰好这个概率$P(x_{1n}, x_{2n}) = 0.5$，那么被感染的概率和没有被感染的概率就是五五开。一般情况下，概率值会是一个在0～1范围内的随机浮点小数，如果结果值比$P(x_{1n}, x_{2n})$小，那就很有可能是被感染了——可能有些读者会觉得根据随机的一个数值来预测似乎太过随意，不过暂时我们还是按照这个办法来预测。

这里可能读者会有一个疑问：如果用这种方法来进行预测，预测的正确率有多少呢？也许有些读者会觉得这只是个高中生级别的概率统计问题，但即使这样我们还是来认真考虑一下这个问题。

首先，当 $t_n = 1$ 时，概率 $P(x_{1n}, x_{2n})$ 表示实际被感染了。反之，当 $t_n = 0$ 时，实际没有被感染的概率是多少呢？当然可以用"1-预测被感染的概率"来计算，那么其概率就可以表示为 $1 - P(x_{1n}, x_{2n})$。如果我们把这个问题看成是高中生试题，那么下面就是标准答案。

第 n 个测试数据的预测结果可以表示如下。

- 当 $t_n = 1$ 时，$P_n = P(x_{1n}, x_{2n})$；
- 当 $t_n = 0$ 时，$P_n = 1 - P(x_{1n}, x_{2n})$。

如果用这种条件判断式进行后面的运算会变得越来越繁杂，所以刚才我们说这是个"高中生试题"是有道理的。这里我们运用一下大学数学中的一些知识，就可以用一个公式表示出来。结果如下所示，看起来还是有些复杂的。

$$P_n = \{P(x_{1n}, x_{2n})\}^{t_n} \{1 - P(x_{1n}, x_{2n})\}^{1-t_n} \tag{2.4}$$

对于任意 x，都有 $x^0 = 1$、$x^1 = 1$，学过高中数学条件语句算法的话就知道这时需要分别对 $t_n = 1$ 和 $t_n = 0$ 两种情况进行求解。这样我们就可以计算出第 n 个数据正确预测的概率。那么对于所有的 N 个数据而言，预测正确的概率该怎么计算呢？我们把每个数据的正确预测概率相乘，就可以得到对所有 N 个数据都预测正确的概率。

$$P = P_1 \times P_2 \times \cdots \times P_N = \prod_{n=1}^{N} P_n \tag{2.5}$$

把它代入公式（2.4）中，就可以得到下面的公式。

$$P = \prod_{n=1}^{N} \{P(x_{1n}, x_{2n})\}^{t_n} \{1 - P(x_{1n}, x_{2n})\}^{1-t_n} \tag{2.6}$$

实际上，这个概率就可以作为参数 w_0、w_1、w_2 是否准确的评价标准。随着参数 w_0、w_1、w_2 的值变化，全部数据都预测正确的概率公式（2.6）也会跟着发生变化。当然这个概率值越大，对于测试数据来说可以认为已经得到了最优化的结果。像这样，"把正确预测测试数据的概率值最大化"作为调节参数的方法，在统计学中被称为"最大似然估计"[①]。

那么，参数是否已经最优的判断标准，也就是"机器学习模型三步走"的第二步我们已经定义好了，但是如果用 TensorFlow 来计算，像公式（2.6）这样的包含大量乘法的算式，计算效率并不是很好，所以我们就用下面的公式来定义误差函数，并对其进行求最小值的参数优化处理。

$$E = -\log P \qquad (2.7)$$

图 2.4 所示的是一个单调递增的对数函数，所以概率 P 的最大值也就等于 $-\log P$ 的最小值 m [②]。而且对于对数函数来说，下面的算式是成立的。

$$\log ab = \log a + \log b, \log a^n = n \log a \qquad (2.8)$$

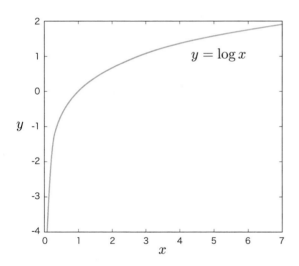

图2.4 对数函数示意图

把公式（2.6）代入公式（2.7），然后再应用公式（2.8），误差函数 E 就可以变形为下面的公式来表示。

$$E = -\log \prod_{n=1}^{N} \{P(x_{1n}, x_{2n})\}^{t_n} \{1 - P(x_{1n}, x_{2n})\}^{1-t_n}$$

$$= -\sum_{n=1}^{N} \{t_n \log P(x_{1n}, x_{2n}) + (1 - t_n) \log [1 - P(x_{1n}, x_{2n})]\} \qquad (2.9)$$

这样所有的准备工作就都结束了。之后我们会用与 1.3 节 "TensorFlow 概览"相同的办法，将第一步想出的模型公式（2.3）和第二步得出的误差函数公式（2.9）用 TensorFlow 代码来表示。这样就可以自动计算出使公式（2.9）误差函数值值最小的 w_0、w_1、w_2 参数值了。

2.1.2　通过 TensorFlow 执行最大似然估计

接下来我们把前面所提到的内容用实际的 TensorFlow 代码来实现。下面的代码对应的 Notebook 为 "Chapter02/Maximum likelihood estimation example. ipynb" 文件。

01

首先，导入一些必须用到的工具包。

[MLE-01]

```
1:import tensorflow as tf
2:import numpy as np
3:import matplotlib.pyplot as plt
4:from numpy.random import multivariate_normal,permutation
5:import pandas as pd
6:from pandas import DataFrame,Series
```

然后通过生成随机数对训练集进行赋值，并将其保存在 pandas 的 DataFrame 对象中。所以需要导入随机数生成模块和 pandas 的相关模块。pandas 的 DataFrame

会在后面的具体示例中用到，它是 Spreadsheet 形式的二维表数据。有关 pandas 的具体说明，请参考本页下面的注释部分[1]。

02

如下所示就是实际生成训练集数据的代码。

[MLE-02]

```
 1:np.random.seed(20160512)
 2:
 3:n0,mu0,variance0 = 20,[10,11],20
 4:data0 = multivariate_normal(mu0,np.eye(2)*variance0,n0)
 5:df0 = DataFrame(data0,columns=['x1','x2'])
 6:df0['t'] = 0
 7:
 8:n1,mu1,variance1 = 15,[18,20],22
 9:data1 = multivariate_normal(mu1,np.eye(2)*variance1,n1)
10:df1 = DataFrame(data1,columns=['x1','x2'])
11:df1['t'] = 1
12:
13:df = pd.concat([df0,df1],ignore_index=True)
14:train_set = df.reindex(permutation(df.index)).reset_index (drop=True)
```

上述代码的第 3～6 行用随机数生成了当 $t = 0$ 时的未感染测试数据。第 8～11 行代码用随机数生成了当 $t = 1$ 时的已感染测试数据。第 13～14 行代码把这些测试数据合在一起，为了更加接近真实数据情况，我们还把数据顺序重新打乱了。另外，在第 1 行代码中，我们指定了随机数种子，其后生成的随机数都会根据这个种子来生成。如果明确指定了随机数种子，那么每次测试数据虽然都是随机数，但也是可以重复生成相同数据用来反复测试的[3]。

----

[1]　McKinney W. 利用 Python 进行数据分析［M］.徐敬一，译 . 北京：机械工业出版社，
　　　2014.

③　往后的随机数生成代码中，如果没有特殊情况，都设定了随机数种子。种子的值是随
　　意设定的，并没有特殊含义。

在Jupyter的Notebook中，DataFrame的具体内容可以用表格的形式显示出来。下面就是在变量train_set中DataFrame的具体内容。

[MLE-03]

```
1:train_set
```

	x1	x2	t
0	20.729880	18.209359	1
1	16.503919	14.685085	0
2	5.508661	17.426775	0
3	9.167047	9.178837	0

······ 以下省略 ······

04

但是在TensorFlow的计算中，数据都是多维数组，或者说是以矩阵的形式来进行计算的。这里把(x_{1n}, x_{2n})用列向量的形式定义如下，其中$n=1\sim N$。

$$X = \begin{pmatrix} x_{11} & x_{21} \\ x_{12} & x_{22} \\ x_{13} & x_{23} \\ \vdots & \vdots \end{pmatrix}, t = \begin{pmatrix} t_1 \\ t_2 \\ t_3 \\ \vdots \end{pmatrix} \tag{2.10}$$

把数据定义为NumPy的array数组对象，并赋值给train_x和train_t。

[MLE-04]

```
1:train_x = train_set[['x1','x2']].as_matrix()
2:train_t = train_set['t'].as_matrix().reshape([len(train_set),1])
```

05

接下来把公式（2.10）中的矩阵X以及包含训练集在内的各种数据代入公式（2.1）的$f(x_1,x_2)$中，就可以得到如下算式。

$$\begin{pmatrix} f_1 \\ f_2 \\ f_3 \\ \vdots \end{pmatrix} = \begin{pmatrix} x_{11} & x_{21} \\ x_{12} & x_{22} \\ x_{13} & x_{23} \\ \vdots & \vdots \end{pmatrix} \begin{pmatrix} w_1 \\ w_2 \end{pmatrix} + \begin{pmatrix} w_0 \\ w_0 \\ w_0 \\ \vdots \end{pmatrix} \tag{2.11}$$

这里使用了$f_n = f(x_{1n}, x_{2n})$这样的等式。再把它们代入Sigmoid激活函数中，则当$t=1$时，第n个数据的概率就可以表示为P_n。

$$\begin{pmatrix} P_1 \\ P_2 \\ P_3 \\ \vdots \end{pmatrix} = \begin{pmatrix} \sigma(f_1) \\ \sigma(f_2) \\ \sigma(f_3) \\ \vdots \end{pmatrix} \tag{2.12}$$

虽然稍微变得复杂了一些，但是到这里我们已经用矩阵的形式计算出了概率P_n，接下来我们就把到目前为止说明的内容用TensorFlow代码来实现。

[MLE-05]
```
1:x = tf.placeholder(tf.float32,[None,2])
2:w = tf.Variable(tf.zeros([2,1]))
3:w0 = tf.Variable(tf.zeros([1]))
4:f = tf.matmul(x,w)+ w0
5:p = tf.sigmoid(f)
```

上述代码的第1行的x对应公式（2.10）中X的Placeholder。这时的训练集所包含的数据数还仅仅只有35个，虽然X是一个35×2的矩阵，但是为了可以在Placeholder中设置任意数量的数据，这里指定其大小为[None,2]。第2行的w对应的是$w = (w_1, w_2)^T$的Variable，第三行的w0对应的是w_0的Variable。接下来的第4行的f，表示$f = (f_1, f_2, \cdots)^T$的计算内容，对应公式（2.11）所做的计算过程。

2.1 逻辑回归之二元分类器　59

请注意在第4行的计算中对w0的用法。因为tf.matmul是对矩阵进行相乘运算的函数，所以tf.matmul(x,w)即Xw的结果是和X拥有相同元素个数的列向量。但是我们看第3行代码，w0是一个被定义为只有一个元素的一维数组。一般情况下，这样是无法进行相加运算的，但是在这里执行了如图2.5（1）所示的"Broadcasting机制"。它是TensorFlow矩阵运算的特殊规则，当多维数组与一个元素进行相加运算时，会把多维数组的每个元素分别与这个值进行相同的加法运算。同样如图2.5（2）所示，相同大小的矩阵之间进行乘法运算时，相当于对每个元素进行乘法运算。

（1）矩阵与一个标量的加法运算，也就是对各个元素分别进行加法。

$$\begin{pmatrix} 1 & 2 & 3 \\ 4 & 5 & 6 \\ 7 & 8 & 9 \end{pmatrix} + (10) = \begin{pmatrix} 11 & 12 & 13 \\ 14 & 15 & 16 \\ 17 & 18 & 19 \end{pmatrix}$$

（2）相同大小的矩阵进行"*"运算，就相当于各个元素进行乘法运算。

$$\begin{pmatrix} 1 & 2 & 3 \\ 4 & 5 & 6 \\ 7 & 8 & 9 \end{pmatrix} * \begin{pmatrix} 10 & 100 & 1000 \\ 10 & 100 & 1000 \\ 10 & 100 & 1000 \end{pmatrix} = \begin{pmatrix} 10 & 200 & 3000 \\ 40 & 500 & 6000 \\ 70 & 800 & 9000 \end{pmatrix}$$

（3）一个标量作为函数参数的矩阵时，相当于对各元素的函数分别代入该值。

$$\sigma \begin{pmatrix} 1 \\ 2 \\ 3 \end{pmatrix} = \begin{pmatrix} \sigma(1) \\ \sigma(2) \\ \sigma(3) \end{pmatrix}$$

图2.5 矩阵运算的Broadcasting机制

06

［MLE-05］的第5行的p表示了对$P=(P_1, P_2, \cdots)^T$的计算值，对应公式（2.12）的计算。tf.sigmoid表示Sigmoid激活函数，代入多维数组后，分别对元素执行Sigmoid激活函数运算后并返回一个多维数组。如图2.5（3）所示，对函数应用Broadcasting机制。整体结构可参照如图2.6所示的对应关系。

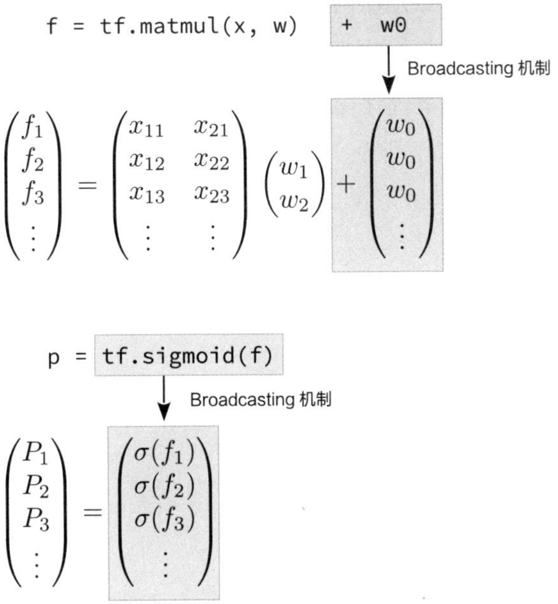

```
f = tf.matmul(x, w)    + w0
```

Broadcasting 机制

$$\begin{pmatrix} f_1 \\ f_2 \\ f_3 \\ \vdots \end{pmatrix} = \begin{pmatrix} x_{11} & x_{21} \\ x_{12} & x_{22} \\ x_{13} & x_{23} \\ \vdots & \vdots \end{pmatrix} \begin{pmatrix} w_1 \\ w_2 \end{pmatrix} + \begin{pmatrix} w_0 \\ w_0 \\ w_0 \\ \vdots \end{pmatrix}$$

```
p = tf.sigmoid(f)
```

Broadcasting 机制

$$\begin{pmatrix} P_1 \\ P_2 \\ P_3 \\ \vdots \end{pmatrix} = \begin{pmatrix} \sigma(f_1) \\ \sigma(f_2) \\ \sigma(f_3) \\ \vdots \end{pmatrix}$$

图 2.6 变量 f 和变量 p 的计算方式示意图

07

接下来，把误差函数的部分也用 TensorFlow 代码来实现，并指定能使其最小化的训练集优化器算法。误差函数与公式（2.9）所示一样，用如下代码来实现。

[MLE-06]
```
1:t = tf.placeholder(tf.float32,[None,1])
2:loss = -tf.reduce_sum(t*tf.log(p)+(1-t)*tf.log(1-p))
3:train_step = tf.train.AdamOptimizer().minimize(loss)
```

上述代码的第 1 行就是公式（2.10）中 *t* 所对应的 Placeholder，在这里存储了训练集数据。第 2 行就是运用图 2.5 所示的 Broadcasting 机制，对应公式（2.9）进行的计算。仔细观察 tf.reduce_sum 的参数部分，tf.log 表示 log 对数函数，图 2.7 反映了其中的对应关系。

这里的 tf.reduce_sum 与 1.3.2 节 "TensorFlow 代码实现" 的 [LSE-06] 是相

同的。刚才我们使用了对向量的每个元素做加法的函数，这里是一般对于矩阵或者多维数组的每个元素做加法运算的函数。变量loss就对应公式（2.9）中的误差函数。最后的第3行代码设置了训练集优化器算法 tf.train.AdamOptimizer 来对loss进行最小化处理。

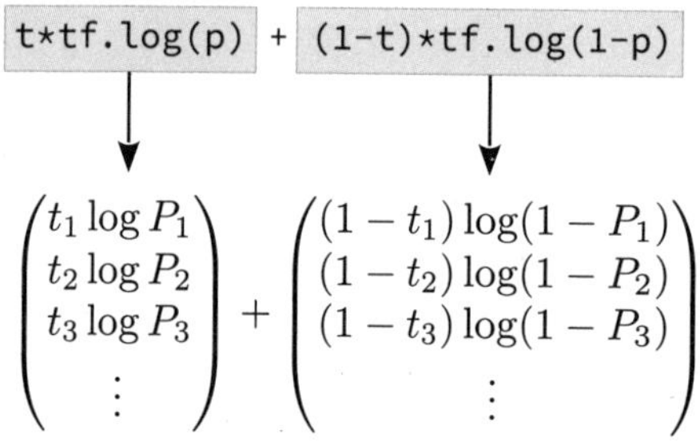

$$\boxed{\text{t*tf.log(p)}} + \boxed{\text{(1-t)*tf.log(1-p)}}$$

$$\begin{pmatrix} t_1 \log P_1 \\ t_2 \log P_2 \\ t_3 \log P_3 \\ \vdots \end{pmatrix} + \begin{pmatrix} (1-t_1) \log(1-P_1) \\ (1-t_2) \log(1-P_2) \\ (1-t_3) \log(1-P_3) \\ \vdots \end{pmatrix}$$

图 2.7 tf.reduce_sum 的参数部分

08

到此为止，为求误差函数最小值的参数计算准备工作已经基本完成，在计算开始前，我们先要定义用于标识"准确率"的计算辅助值。假设对于第 n 个数据满足 $P_n \geqslant 0.5$，那么 $t = 1$，否则 $t = 0$，这样准确率是多少就可以通过这种方式来计算。

[MLE-07]

```
1:correct_prediction = tf.equal(tf.sign(p-0.5),tf.sign(t-0.5))
2:accuracy = tf.reduce_mean(tf.cast(correct_prediction,tf.float32))
```

上述代码的第1行通过对 $(P_n - 0.5)$ 和 $(t_n - 0.5)$ 进行比较来判断预测是否准确。tf.sign是用于取出正负符号的函数；tf.equal是用来判断两个参数的值是否相等的函数，并返回一个布尔值，两个函数都适用Broadcasting机制（见图2.5（3））。correct_prediction就是由针对训练集的各元素数据，判断其是否相等后的布尔值排列而组成的列向量。

第2行的tf.cast函数，把布尔值转换为1或0，然后对全体求平均值。tf.reduce_mean是对向量（更多的是多维数组）的各个组成元素求平均值的函数。正确为1，不正确为0，像这样针对排列组成的向量求出平均值，然后最终求出准确率的值。之后用梯度下降法进行参数的最优化处理时，随着误差函数值越来越小，我们来观察准确率accuracy的值会发生什么样的变化。

09

接下来进行参数优化处理。首先定义一个Session，并对Vairable进行初始化处理。

[MLE-08]

```
1:sess = tf.Session()
2:sess.run(tf.initialize_all_variables())
```

10

然后用梯度下降法对参数最优化循环执行20 000次。每循环2 000次，就对误差函数loss和准确率accuracy的值进行计算并打印出来。

[MLE-09]

```
1:i = 0
2:for _ in range(20000):
3:    i += 1
4:    sess.run(train_step,feed_dict={x:train_x,t:train_t})
5:    if i % 2000 == 0:
6:        loss_val,acc_val = sess.run(
7:            [loss,accuracy],feed_dict={x:train_x,t:train_t})
8:        print ('Step: %d,Loss: %f,Accuracy: %f'
9:            % (i, loss_val, acc_val))
```

```
Step: 2000,Loss: 15.165894,Accuracy: 0.885714
Step: 4000,Loss: 10.772635,Accuracy: 0.914286
Step: 6000,Loss: 8.197757,Accuracy: 0.971429
Step: 8000,Loss: 6.576121,Accuracy: 0.971429
Step: 10000,Loss: 5.511973,Accuracy: 0.942857
Step: 12000,Loss: 4.798011,Accuracy: 0.942857
Step: 14000,Loss: 4.314180,Accuracy: 0.942857
```

```
Step: 16000,Loss: 3.986264,Accuracy: 0.942857
Step: 18000,Loss: 3.766511,Accuracy: 0.942857
Step: 20000,Loss: 3.623064,Accuracy: 0.942857
```

上述代码的第4行在执行训练集优化器算法时，通过参数 feed_dict 指定了［MLE-04］定义的训练集数据，并把它赋给 Placeholder。第6～7行对此时的 Variable（也就是 w 和 w0），分别计算出 loss 值和 accuracy 值，然后赋给 loss_val 和 acc_val。在 Session 中对计算结果值进行评价时，会像此例中的 [loss, accuracy] 一样，用列表的形式指定多个变量，这样就可以同时得到多个值。

从最后的执行结果可以看到，随着误差函数的值越来越小，准确率在到达一定值以后不再减小，与图2.3所得到的结论一致。因为这个训练数据集不能被直线直接分类，所以原则上是不可能达到100％的准确率。

11

优化处理到这里告一段落，我们来打印此时的参数（Variable）值。

[MLE-10]

```
1:w0_val,w_val = sess.run([w0,w])
2:w0_val,w1_val,w2_val = w0_val[0],w_val[0][0],w_val[1][0]
3:print w0_val,w1_val,w2_val
```

-15.6304 0.5603 0.492596

上述代码的第1行为了查看Session内的Variable，取出了Session内的值。w0和w都是只有一个元素的列表，因为是一个被定义为2×1的矩阵，所以在第2行中可以通过索引来取到具体值（见图2.8）。

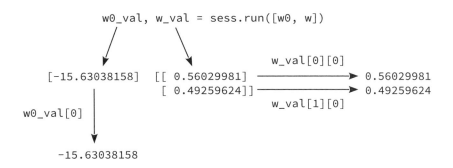

图2.8 从 Variable 中取出具体值

在1.3节"TensorFlow概览"所举的例子中，对参数的修改全部加起来循环了 200 000次，而这个例子只循环了其 1/10 即大概 20 000次就停止了。参数要收敛到最优值所需要耗费的时间或者修正次数，会根据使用的模型或者参数个数、训练集所使用的数据不同产生非常大的差异。像这个例子中一样，需要随时观察误差函数或准确率的值，以判断是否该中断运算④。

12

最后把计算出的结果值用图来表示。

[MLE-11]

```
 1:train_set0 = train_set[train_set['t']==0]
 2:train_set1 = train_set[train_set['t']==1]
 3:
 4:fig = plt.figure(figsize=(6,6))
 5:subplot = fig.add_subplot(1,1,1)
 6:subplot.set_ylim([0,30])
 7:subplot.set_xlim([0,30])
 8:subplot.scatter(train_set1.x1,train_set1.x2,marker='x')
 9:subplot.scatter(train_set0.x1,train_set0.x2,marker='o')
10:
11:linex = np.linspace(0,30,10)
12:liney = -(w1_val*linex/w2_val + w0_val/w2_val)
```

------

④ 但是，在这个例子中观察训练集数据的准确率还不是很高，如何确认训练结果的准确率，
还请参考 2.1.3 节"通过测试集验证"。

```
13:subplot.plot(linex,liney)
14:
15:field = [[(1 /(1 + np.exp(-(w0_val + w1_val*x1 + w2_val*x2))))
16:          for x1 in np.linspace(0,30,100)]
17:          for x2 in np.linspace(0,30,100)]
18:subplot.imshow(field,origin='lower',extent=(0,30,0,30),
19:              cmap=plt.cm.gray_r,alpha=0.5)
```

图 2.9 是逻辑回归分析结果示意图，就是在平面（x_1, x_2）中显示概率 $P(x_1,$ $x_2)$ 的变化情况。由图可见，训练集的所有数据被直线 $f(x_1,x_2) = 0$（即概率 $P(x_1,$ $x_2) = 0.5$）所分割。图上颜色的浓淡表示了概率 $P(x_1,x_2)$ 值的大小，与图 2.3 下面部分所示的一样，Sigmoid 激活函数的形状清楚地表现了颜色浓淡的变化。公式（2.2）的 Sigmoid 激活函数也被称为逻辑回归函数，基于此的分析方法，一般被称为"逻辑回归"。

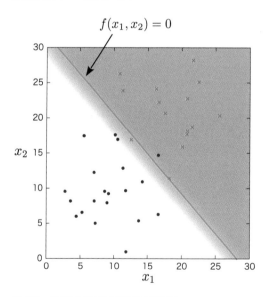

图 2.9 逻辑回归分析结果示意图

另外，在图 2.9 的边界线附近同时存在着已感染和未感染数据，概率从 0～1 逐渐发生变化。假如在超过边界线很多的地方，还是有很多数据混合存在，则这个变化会变得更加缓慢。相反，如果边界线非常清楚地把数据分割开来，则准确率会在边界线上瞬间发生变化。

这里对于描绘图像的代码进行简单的说明。[MLE-11]的第1～2行分别从训练集中取出了$t=0$和$t=1$的数据。第4～9行分别用不同的记号（×和○）来画散点图。第11～13行，用刚才取到的参数值，画出直线$f(x_1, x_2)=0$。最后的第15～19行，用颜色的浓淡来表示概率$P(x_1, x_2)$的变化。通过把平面(x_1, x_2)（$0 \leqslant x_1 \leqslant 30, 0 \leqslant x_2 \leqslant 30$）分割为$100 \times 100$的格子，并用二维数组field保存其对应的每个$P(x_1, x_2)$值，最后用二维数组每个数据的大小来描绘出颜色的浓淡。

2.1.3　通过测试集验证

在刚才的示例代码中，随着对参数的逐步优化，我们也看到了准确率是如何跟随参数变化的。在这个例子中，最终准确率达到了94％。但是对于机器学习来说，计算训练集的准确率其实是没有太大意义的。相反，参数优化的结果有时还非常容易造成误解。

在机器学习中，比较重要的其实并不是对已有数据进行预测，而是对未知数据进行预测，并且还要尽可能地提高准确率。特别是对于有多个维度参数的模型而言，如果某个特征只有在训练集中才有，则会很容易出现过度优化的现象。在这种情况下，针对训练集的识别准确率不管有多高，对于未知数据的预测精度也是不会太理想的。这种现象通常称为"过度学习"或者"过拟合"。

避免过拟合的办法，是不要把训练集数据一次性全部投入，而是只将其中一部分数据用来训练。例如，在80％的数据进行训练后，观察剩余20％数据的准确率的变化。没有用于训练的数据准确率，可以看作等同于未知数据的准确率。严格来说，已有数据和将要进行测试的未知数据并不能够保证其拥有相同的特征值，但是相对只观察针对训练集的准确率来说，这个方法也一直被认为是相对较好的办法。

这一节将通过修改刚才的代码，来分别确认训练集和测试集准确率的变化情况，后面的代码对应的 Notebook 为"Chapter02/Comparing accuracy for training and test sets.ipynb"。在这里我们截取关键部分进行详细讲解，如希望查看全部代码，可参照实际源文件的代码。

01

首先，在生成随机数后，将其中的80%归类为训练集数据，剩下的20%归类为测试集数据。为了使测试集数据不会太少，所以生成的整体数据量与刚才相比增加了近40倍，如下代码所示。

[CAF-02]

```
 1:n0,mu0,variance0 = 800,[10,11],20
 2:data0 = multivariate_normal(mu0,np.eye(2)*variance0,n0)
 3:df0 = DataFrame(data0,columns=['x','y'])
 4:df0['t'] = 0
 5.
 6:n1,mu1,variance1 = 600,[18,20],22
 7:data1 = multivariate_normal(mu1,np.eye(2)*variance1,n1)
 8:df1 = DataFrame(data1,columns=['x','y'])
 9:df1['t'] = 1
10:
11:df = pd.concat([df0,df1],ignore_index=True)
12:df = df.reindex(permutation(df.index)).reset_index(drop=True)
13:
14:num_data = int(len(df)*0.8)
15:train_set = df[:num_data]
16:test_set = df[num_data:]
```

02

为了之后使用参数 feed_dict 保存至 Placeholder，这里把训练集和测试集的数据分开，分别用不同的变量保存只有 (x_{1n}, x_{2n}) 的数据和只有 t_n 的数据。

[CAF-03]

```
1:train_x = train_set[['x','y']].as_matrix()
2:train_t = train_set['t'].as_matrix().reshape([len(train_set),1])
3:test_x = test_set[['x','y']].as_matrix()
4:test_t = test_set['t'].as_matrix().reshape([len(test_set),1])
```

03

然后，对于概率 $P(x_1, x_2)$、误差函数 E、准确率等运算部分的 TensorFlow
代码与之前完全一致。在创建 Session 初始化 Variable 之后，下面就是实际执行
优化算法部分的代码。

[CAF-06]

```
1:train_accuracy = []
2:test_accuracy = []
3:for _ in range(2500):
4:    sess.run(train_step,feed_dict={x:train_x,t:train_t})
5:    acc_val = sess.run(accuracy,feed_dict={x:train_x,t:train_t})
6:    train_accuracy.append(acc_val)
7:    acc_val = sess.run(accuracy,feed_dict={x:test_x,t:test_t})
8:    test_accuracy.append(acc_val)
```

这里在每次修改参数时都会分别计算训练集和测试集的准确率并保存到列
表中，如此反复循环 2 500 次。请注意第 5 行和第 7 行的参数 feed_dict 所指定的
变量是不同的。第 5 行是把训练集数据保存至 Placeholder 中，针对训练集计算
准确率；第 7 行是把测试集保存至 Placeholder 中，针对测试集计算准确率。像
这样在一个 Session 中，替换 Placeholder 中保存的值，分别对不同的数据进行
计算也是可以实现的。

最后，通过下面的代码来展示准确率的变化图。

[CAF-07]

```
1:fig = plt.figure(figsize=(8,6))
2:subplot = fig.add_subplot(1,1,1)
3:subplot.plot(range(len(train_accuracy)),train_accuracy,
4:              linewidth=2,label='Training set')
5:subplot.plot(range(len(test_accuracy)),test_accuracy,
6:              linewidth=2,label='Test set')
7:subplot.legend(loc='upper left')
```

执行上述代码后，可以得到图2.10所示的结果。在这个例子中，虽然训练集和测试集的准确率的差别不是那么明显，但是可以得知它们的变化方式。假如发生过拟合的情况，测试集的准确率会比训练集提前不再增加变化。如刚才所说的那样，这是因为我们只对训练集数据进行了优化处理。请记住，在机器学习中对数据模型性能的判断要根据测试集所得到准确率，而不是根据训练集所得到的准确率。

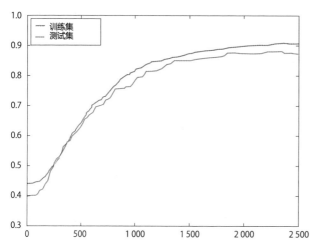

图2.10 训练集和测试集的准确率变化示意图

接下来，我们会结合更切实际的课题，对手写数字进行分类，其思考方式也是一样的。不要把所有数据都投入到训练集中，而是分出一部分数据作为测试集，最后判断训练结果好坏时，要根据测试集的准确率来判断。

2.2 Softmax函数与多元分类器

上一节成功地运用逻辑回归算法把一个平面上的数据分成了两类，这种模型一般称为二元分类器或者感知器。而本书的目的是针对手写数字进行识别并分类，这就需要对数据进行多个类别的分类。换句话说，本书的目的就是把"0"～"9"的手写数字图片进行正确分类，也就是需要把数据分为10个类别，如图2.11所示。

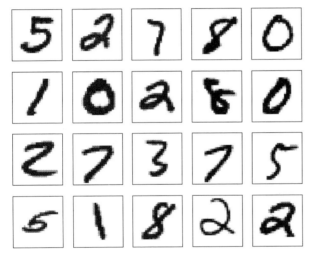

图2.11 手写数字图片数据

接下来我们就对可以把数据分为三类以上的多元分类器以及可以求出分类结果概率的Softmax函数进行具体讲解。

2.2.1 线性多元分类器的结构

首先，我们介绍一个最简单的多元分类器，并用它把平面(x_1, x_2)分成三个区域。在开始介绍之前，我们先回顾一下在2.1.1节"利用概率进行误差评价"

中，公式（2.1）定义的一次函数$f(x_1, x_2)$的图形特性，即直线$f(x_1, x_2) = 0$对平面进行分割，离分割线越远，值越趋向于$\pm\infty$。在此基础上，如果再增加一个z轴，并把$z = f(x_1, x_2)$的图形在三维空间中描画出来，就可以得到图2.12所示的示意图。由图可见，一个超平面倾斜位于三维空间之中，该超平面在$z = 0$的平面上下都有值，可以看到它把平面(x_1, x_2)分割成了两个区域。

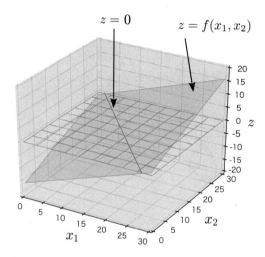

图2.12 一次函数在三维空间中的超平面图形示意图

这里我们先记住这个图的形状，接下来定义如下3个一次函数。

$$f_1(x_1, x_2) = w_{01} + w_{11}x_1 + w_{21}x_2 \tag{2.13}$$

$$f_2(x_1, x_2) = w_{02} + w_{12}x_1 + w_{22}x_2 \tag{2.14}$$

$$f_3(x_1, x_2) = w_{03} + w_{13}x_1 + w_{23}x_2 \tag{2.15}$$

把这三个一次函数的图分别描画在三维空间中后，能想象出得到什么样的图形吗？这里我们直接公布答案，那就是会得到如图2.13所示的图形。不同方向倾斜的3个超平面在三维空间中，两两相交得到3条直线，这3条直线必然交汇于一点。其结果就是不论3个超平面哪个在最上面，都会把平面(x_1, x_2)分割为3个区域。

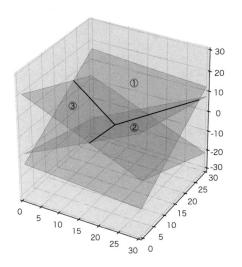
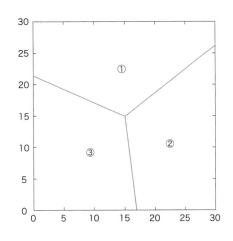

图 2.13　3个超平面分割空间示意图

在图2.13中，①～③的3个区域分别对应$f_1(x_1, x_2)$、$f_2(x_1, x_2)$、$f_3(x_1, x_2)$ 最上面的部分。如果用数学公式来表示，则这3个区域可以用如下公式表示。

$$\begin{cases} ① = \{(x_1, x_2) \mid f_1(x_1, x_2) > f_2(x_1, x_2), f_1(x_1, x_2) > f_3(x_1, x_2)\} \\ ② = \{(x_1, x_2) \mid f_2(x_1, x_2) > f_1(x_1, x_2), f_2(x_1, x_2) > f_3(x_1, x_2)\} \\ ③ = \{(x_1, x_2) \mid f_3(x_1, x_2) > f_1(x_1, x_2), f_3(x_1, x_2) > f_2(x_1, x_2)\} \end{cases} \quad (2.16)$$

还有要注意的一点就是，这里的三个超平面必然会相交于一点，从图形上很好理解，在数学上也可以解释。三个超平面相交点，可以通过解下面的方程组来求出。

$$\begin{cases} f_1(x_1, x_2) = f_2(x_1, x_2) \\ f_2(x_1, x_2) = f_3(x_1, x_2) \end{cases} \quad (2.17)$$

这是一个有两个变量的一次函数方程组，其解是唯一固定的，它就是这三个超平面的交点(x_1, x_2)。为了方便有数学功底的读者，我们列出如下公式。把公式（2.13）～（2.15）代入后，就相当于把公式（2.17）重新用行列式的形式进行定义。

$$M\begin{pmatrix} x_1 \\ x_2 \end{pmatrix} = w \tag{2.18}$$

这里，M 和 w 分别表示下面定义的矩阵和向量。

$$M = \begin{pmatrix} w_{11} - w_{12} & w_{21} - w_{22} \\ w_{12} - w_{13} & w_{22} - w_{23} \end{pmatrix}, w = \begin{pmatrix} w_{02} - w_{01} \\ w_{03} - w_{02} \end{pmatrix} \tag{2.19}$$

那么，用 M 的逆矩阵就可以用如下算式得到公式（2.18）的结果。

$$\begin{pmatrix} x_1 \\ x_2 \end{pmatrix} = M^{-1}w \tag{2.20}$$

但是，严格来说，这个公式需要满足 "M 的逆矩阵一定存在" 的必要条件才成立，也就是必须满足 $\det M \neq 0$。下面我们要介绍的详细的数学推算过程可以作为有数学功底的读者的作业。当 $\det M = 0$ 时，可能存在 3 个超平面相交于同一条直线或者两个超平面互相平行的两种情况，如图 2.14 所示。此时，任何一个超平面都不会位于另一个超平面的上方，所以平面 (x_1, x_2) 就会被分为两个区域。如果三个超平面全部平行，则不会被分割，只有一个区域。

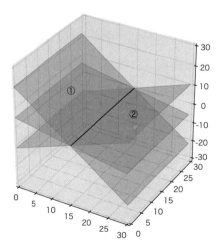

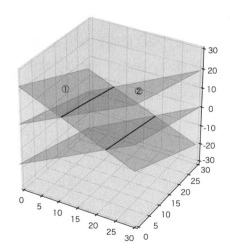

图 2.14 三维空间被分为两部分的两种情况

总之，我们通过调节公式（2.13）～（2.15）中所包含的9个参数$(w_{01}, w_{11}, w_{21}, w_{02}, w_{12}, w_{22}, w_{03}, w_{13}, w_{23})$，把平面$(x_1, x_2)$最多分割为3个区域。此时，每个区域的边界线为两个超平面相交得到的直线。像这样，用一次函数的直线来进行区域分割的结构被称为线性多元分类器。

线性多元分类器并不能像1.1.2节"神经网络的必要性"的图1.7那样，可以用复杂的曲线来进行分类。这点我们会在第3章中利用神经网络来进行改善。这里我们先来看这种直线分割到底可以进行什么样的分类。

2.2.2 通过Softmax函数进行概率转换

在2.1.1节"利用概率进行误差评价"的图2.3中，用一次函数$f(x_1, x_2)$直线把平面(x_1, x_2)分割后，通过Sigmoid激活函数把$f(x_1, x_2)$的值转换为了概率。这样就可以不用单纯地像"当$f(x_1, x_2) > 0$时，感染"这样来进行判断，而是可以通过与$f(x_1, x_2)$函数值相对应的感染概率$P(x_1, x_2)$值的大小来判断。

在这里我们用3个一次函数公式（2.13）～（2.15）的直线将平面(x_1, x_2)分割为3个区域的操作方式，尝试改为用概率的形式来进行分类。现在我们的目标就是求出下面列出的3个概率值。

- $P_1(x_1, x_2)$：点(x_1, x_2)被分在部分①的概率。
- $P_2(x_1, x_2)$：点(x_1, x_2)被分在部分②的概率。
- $P_3(x_1, x_2)$：点(x_1, x_2)被分在部分③的概率。

以识别手写数字问题为例，就相当于分别计算数字图片中"数字为1的概率""数字为2的概率"……当然，这些概率值还需要满足下列条件。

$$0 \leq P_i(x_1, x_2) \leq 1 \quad (i = 1, 2, 3) \tag{2.21}$$

$$P_1(x_1, x_2) + P_2(x_1, x_2) + P_3(x_1, x_2) = 1 \tag{2.22}$$

$$f_i(x_1, x_2) > f_j(x_1, x_2) \Rightarrow P_i(x_1, x_2) > P_j(x_1, x_2) \quad (i, j = 1, 2, 3) \tag{2.23}$$

这里可以用Softmax函数来求出满足这些条件的概率值。

$$P_i(x_1, x_2) = \frac{e^{f_i(x_1, x_2)}}{e^{f_1(x_1, x_2)} + e^{f_2(x_1, x_2)} + e^{f_3(x_1, x_2)}} \quad (i = 1, 2, 3) \tag{2.24}$$

看上去有些复杂，但是仔细研究就可以看出确实满足了公式（2.21）~
（2.23）的全部条件。以一次函数为例，其表示在x轴上的3个一次函数$f_i(x)$
($i = 1, 2, 3$)的函数值通过Softmax函数转换后的概率变化示意，如图2.15所示。
由图所见，$f_i(x)$的大小与概率的大小成正比。

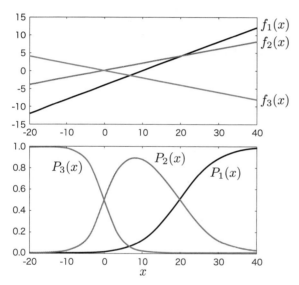

图2.15 通过Softmax函数进行概率转换

像公式（2.16）那样，计算$f_i(x_1, x_2)$最大值时，需要通过条件判断式来判
断点(x_1, x_2)属于哪个区域，这种算法被称为"Hardmax"。与此相对，像公式
（2.24）那样，对每个$f_i(x_1, x_2)$值的大小可以算出点分布在某个区域的概率，这
种算法称为"Softmax"。也就是其边界线不是突然阶段性地变化，而是像逻辑
回归算法图2.9那样，转换为概率后形成平缓（soft）的变化。

以上的论述适用于在三维或三维以上空间进行区域分割的情形。可以用如
下公式表示成更加泛化的写法。把拥有坐标$(x_1, x_2, \cdots, x_M)$的M维空间分为K个
区域时，首先要准备出K个一次函数。

$$f_k(x_1, \cdots, x_M) = w_{0k} + w_{1k}x_1 + \cdots + w_{Mk}x_M \quad (k = 1, \cdots, K) \qquad (2.25)$$

那么，点 $(x_1, x_{2,\cdots}, x_M)$ 是否在第 k 个区域中的概率就可以用如下 Softmax 函数来计算。

$$P_k(x_1, \cdots, x_M) = \frac{e^{f_k(x_1, \cdots, x_M)}}{\sum\limits_{k'=1}^{K} e^{f_{k'}(x_1, \cdots, x_M)}} \qquad (2.26)$$

像图 2.13 那样，把二维平面分割为 3 个部分时，分割线最后会相交于一点，但是一般情况下并不仅限于此。例如，当二维平面被分割成 4 个部分时，会考虑如图 2.16 所示的示例。仔细观察并考虑需要如何摆放这 4 个超平面，才能把这个平面分割成这样。

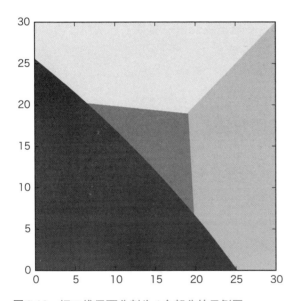

图 2.16 把二维平面分割为 4 个部分的示例图

2.3 应用多元分类器进行 手写数字识别

上一节用多元分类器对给定数据进行了多个类别的分类，也可以说我们对某个数据属于某个类别的概率的计算方法进行了说明。公式（2.25）和（2.26）是分别对应具体概率的计算公式。到这里相当于完成了"机器学习模型三步走"中的第一步。后面的章节需要写出可以判断公式（2.25）中所包含的参数(w_{0k}, w_{1k}, w_{2k}, …)是否最优的误差函数（第二步），还需要决定能使误差函数值最小的参数值（第三步）。

在第二步以后的部分内容中，有可能我们会用到2.1节"逻辑回归之二元分类器"所提到的最大似然估计法。在这里我们用手写数字识别问题为具体示例进行讲解。

2.3.1 MNIST 数据集的使用方法

首先我们介绍要用到的数据集，它就是非常有名的 MNIST 数据集[2]。图 2.11 显示的手写数字全部是从这个数据集中抽取出来的示例数据，MNIST 数据集中总共有 55 000 条训练数据和 10 000 条测试数据，其中还包含了 5 000 条验证数据⑤。每张手写数字图片都是 28 像素×28 像素的灰度图。

在 TensorFlow 中，可以从网上专门下载 MNIST 数据集，并且将其放入 NumPy 的 array 对象中的模块。虽然在原始数据中用一个 0～255 的整数值来表示每个像素的浓度，但是在这里会把它转换成一个 0～1 的浮点数后再赋值使

[2] THE MNIST DATABASE of handwritten digits（http://yann.lecun.com/exdb/mnist/）

⑤ 有些读者可能会注意到测试数据集和验证数据集是专门分开的，在本书中我们其实没有用到验证数据集。因为训练数据集用来进行参数优化，测试数据集用来对准确率的高低进行判断。

用。接下来我们就用这个模块验证数据集包含的具体内容。下面代码对应的
Notebook 为 "Chapter02/MNIST dataset sample.ipynb"。

01

首先导入需要的模块。

[MDS-01]

```
1:import numpy as np
2:import matplotlib.pyplot as plt
3:from tensorflow.examples.tutorials.mnist import input_data
```

上述代码的第3行导入的模块是为了取得 MNIST 数据集。

02

把 MNIST 数据集下载下来后,赋值到对象中。

[MDS-02]

```
1:mnist = input_data.read_data_sets("/tmp/data/", one_hot=True)
```

03

调用变量 mnist 的对象方法,就可以把对象中保存的数据取出来。如下代
码所示,可以从训练集中取出 10 条数据。

[MDS-03]

```
1:images,labels = mnist.train.next_batch(10)
```

04

取出的数据分为图片数据和标签数据两部分,这里分别定义为 images 和
labels 两个变量。两个变量都是分别包含 10 条数据的列表。

取出的图片数据是由 28×28=784 个像素的浓度值排列而成的列表（NumPy 的 array 对象）。例如，用下面的代码可以取出图片数据的第一条数据具体包含的内容。

[MDS-04]

```
1:print images[0]
```

实际打印的结果会很长，在这里我们就省略不写了，它是一个由 784 个数字排列而成的列表。值得注意的是，这个列表并不是二维的，所有数据排列成一个一维列表。

05

同样，如下代码所示，可以把对应的标签数据也打印出来。

[MDS-05]

```
1:print labels[0]
```

```
[ 0. 0. 0. 0. 0. 0. 0. 1. 0. 0.]
```

打印结果显示，第 7 个元素（从 0 开始数）的值为 1，表示这张图片上的数字为"7"。在机器学习中，对使用数据集进行归类分组会用"第 k 个元素值为 1 的向量"来表示它为第 k 组数据。这也被称为打上了"1-of-K 向量"（K 个元素中只有一个为"1"的向量）的标签。

06

最后，我们把刚才取出的 10 条数据的图片显示出来。

```
1:fig = plt.figure(figsize=(8,4))
2:for c, (image,label)in enumerate(zip(images,labels)):
3:    subplot = fig.add_subplot(2,5,c+1)
4:    subplot.set_xticks([])
5:    subplot.set_yticks([])
6:    subplot.set_title('%d' % np.argmax(label))
7:    subplot.imshow(image.reshape((28,28)),vmin=0,vmax=1,
8:                   cmap=plt.cm.gray_r,interpolation="nearest")
```

上述代码生成图2.17所示的结果。图片上方的数字就是从标签中取到的值，表示图片中显示的准确数字。我们可以看到，这些图片中甚至包含了被干扰的数字或者有很多杂质的数字。我们的目标就是判定这些图片所显示的数字和标签中的数字是否一致。

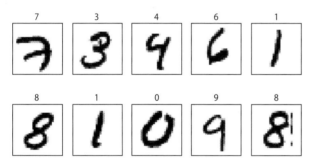

图2.17 MNIST数据集示例

上述代码的第7～8行使用了用于描绘图像到平面的subplot对象的imshow方法来显示图片。image.reshape(28,28)表示把保存了像素浓度值的一维列表转换为一个28×28的二维列表，这样就会显示为一个28×28大小的图片。cmap=plt.cm.gray_r是指定图片以灰度图显示，设定vmin和vmax分别为灰度浓度最小值和最大值，以方便更加准确地调整图片的浓度。在默认情况下，为了使图片能够平滑显示，会自动补全像素间的信息，这里因为指定了interpolation="nearest"选项，所以默认的补全功能会无效。

2.3.2 图片数据的分类算法

接下来，我们对上一小节确认过的图片数据应用多元分类器来进行分类。在2.2节"Softmax函数与多元分类器"中，我们对如何将二维平面的数据分为3个类别进行了说明。那么，怎么把图片分类和这个分类算法联系起来呢？也许刚才的代码［MDS-04］打印出的数据结构会给我们一些提示。

虽然数据原本是一个28像素×28像素的图片，但如果把每个像素的浓度值排成一排，就可以把它看作是一个28×28 = 784个数值的集合。如果用数学方式来表达，就是一个784维的空间向量，每个像素对应784维空间中的一个点。MNIST的图片就可以看作是在这个784维空间中放置的多个点的集合。

这样，如果是相同数字的图片，那么它们的点在这个784维空间中是不是就会集中在非常相近的地方呢？如果这个假设成立，那么把784维空间分成10个区域，每个区域对应决定一个数字。如果给定一个新的图片，这个图片数据在这个784维空间中，如果能判断出它属于哪个区域，那么就可以判断出它是哪个数字的图片。虽然描绘出784维空间有些困难，但是大致与图2.18所显示的情况是相同的。

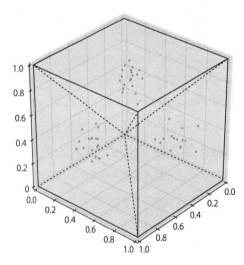

图2.18　784维空间中的图片数据分类示意图

下面我们用公式来表示。一般情况下，对于M维空间分割为K个区域的算法我们已经在公式（2.25）和公式（2.26）中给出过。为了方便用 TensorFlow 的代码来实现，我们换成矩阵的形式来表示。

首先，因为我们要把 784 维空间的数据分为"0"～"9"10 个类别的区域，所以就设 $M = 784, K = 10$。假设全部训练集数据有 N 个，那么第 n 个数据就可以表示为 $\boldsymbol{x}_n = (x_{1n}, x_{2n}, \cdots, x_{Mn})$，由这些数据排列而成的矩阵 $\boldsymbol{X}$ 定义如下。

$$\boldsymbol{X} = \begin{pmatrix} x_{11} & x_{21} & \cdots & x_{M1} \\ x_{12} & x_{22} & \cdots & x_{M2} \\ \vdots & \vdots & \vdots & \vdots \\ x_{1N} & x_{2N} & \cdots & x_{MN} \end{pmatrix} \tag{2.27}$$

如下定义了由公式（2.25）的一次函数系数排列而成的矩阵 $\boldsymbol{W}$ 以及由常数向量排列而成的 $\boldsymbol{w}$。

$$\boldsymbol{W} = \begin{pmatrix} w_{11} & w_{12} & \cdots & w_{1K} \\ w_{21} & w_{22} & \cdots & w_{2K} \\ \vdots & \vdots & \vdots & \vdots \\ w_{M1} & w_{M2} & \cdots & w_{MK} \end{pmatrix}, \boldsymbol{w} = (w_{01}, w_{02}, \cdots, w_{0K}) \tag{2.28}$$

用上面的定义可以把公式（2.25）的一次函数用如下公式表示出来。

$$\boldsymbol{F} = \boldsymbol{XW} \oplus \boldsymbol{w} \tag{2.29}$$

这里的矩阵 $\boldsymbol{F}$ 就表示把第 n 个数据 $\boldsymbol{x}_n$ 代入第 k 个区域的一次函数 $f_k(\boldsymbol{x}_n)$ 后的值。

$$\boldsymbol{F} = \begin{pmatrix} f_1(\boldsymbol{x}_1) & f_2(\boldsymbol{x}_1) & \cdots & f_K(\boldsymbol{x}_1) \\ f_1(\boldsymbol{x}_2) & f_2(\boldsymbol{x}_2) & \cdots & f_K(\boldsymbol{x}_2) \\ \vdots & \vdots & \vdots & \vdots \\ f_1(\boldsymbol{x}_N) & f_2(\boldsymbol{x}_N) & \cdots & f_K(\boldsymbol{x}_N) \end{pmatrix} \tag{2.30}$$

公式（2.29）中的 ⊕ 符号在 2.1.2 节"通过 TensorFlow 执行最大似然估计"的图 2.5 中已经做过介绍，可以简单理解为运用了 Broadcasting 机制的加法运算。到这里可能稍微变得有些复杂了，图 2.19 是整个计算过程示意图。从左边的矩阵 $\boldsymbol{F}$ 中取出任意一个元素，都可以由如下公式计算出来，得到的结果恰好与公式（2.25）相同。

$$f_k(\boldsymbol{x}_n) = w_{0k} + w_{1k}\boldsymbol{x}_{1n} + w_{2k}\boldsymbol{x}_{2n} + \cdots + w_{Mk}\boldsymbol{x}_{Mn} \tag{2.31}$$

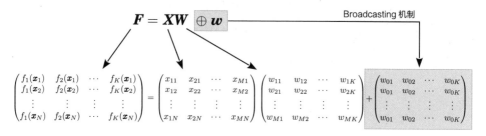

图2.19　多元分类器的一次函数矩阵演算示意图

接下来，我们用公式（2.26）的Softmax函数把函数结果转换为概率形式。那么表示第 n 个数据 x_n 分别属于 $k = 1, \cdots, K$ 部分的概率 $P_k(x_n)$ 就可以用如下算式计算出来。

$$P_k(x_n) = \frac{\mathrm{e}^{f_k(x_n)}}{\sum\limits_{k'=1}^{K}\mathrm{e}^{f_{k'}(x_n)}} \tag{2.32}$$

这里计算中所需要的元素全部包含在公式（2.30）的矩阵中，如果用这个矩阵来进行矩阵运算还是比较复杂的。TensorFlow提供了一个特殊的函数 tf.nn.softmax，用它就可以把公式（2.30）代入公式（2.32）中，自动算出概率 $\boldsymbol{P}$。

$$\boldsymbol{P} = \mathrm{tf.nn.soft\,max}(\boldsymbol{F}) \tag{2.33}$$

这样，$\boldsymbol{P}$ 就可以表示为如下定义的矩阵。

$$\boldsymbol{P} = \begin{pmatrix} P_1(\boldsymbol{x}_1) & P_2(\boldsymbol{x}_1) & \cdots & P_K(\boldsymbol{x}_1) \\ P_1(\boldsymbol{x}_2) & P_2(\boldsymbol{x}_2) & \cdots & P_K(\boldsymbol{x}_2) \\ \vdots & \vdots & \vdots & \vdots \\ P_1(\boldsymbol{x}_N) & P_2(\boldsymbol{x}_N) & \cdots & P_K(\boldsymbol{x}_N) \end{pmatrix} \tag{2.34}$$

到这里我们就准备好了用来判断给定图片属于哪个区域，或者说能够判断出图片中的数字为"0"~"9"的概率的数学公式。这些计算过程都是针对训练集数据的概率来计算的，若针对未知数据 $x = (x_1, x_2, \cdots, x_M)$ 进行概率计算，可以把公式（2.27）的 X 定义为如下 $1 \times M$ 的矩阵。

$$X = \begin{pmatrix} x_1 & x_2 & \cdots & x_M \end{pmatrix} \tag{2.35}$$

把它代入公式（2.29）和公式（2.33）进行计算，P 就会变为下面 $1 \times K$ 的矩阵。

$$P = \begin{pmatrix} P_1(x) & P_2(x) & \cdots & P_K(x) \end{pmatrix} \tag{2.36}$$

X 对应 TensorFlow 代码中的 Placeholder 方法。只要变换 Placeholder 中保存的数据，就可以对不同的数据进行概率计算。这样一来，对应"机器学习模型三步走"中的第一步就算完成了。

这里关于公式（2.36）中的下标 k $(k = 1, 2, \cdots, K)$ 的取值范围需要注意。到目前为止，我们的计算目标是把给定数据归类为 K 个区域，但实际上手写数字问题所对应的数字只有"0"~"9"10 个种类的数字。值得注意的是，下标数值与实际对应的数字相差为 1，即 $k = 1$ 对应"0"，$k = 2$ 对应"1"，以此类推，$k = 10$ 对应"9"。

那么接下来我们准备第二步的误差函数。这里我们采用 2.1.1 节"利用概率进行误差评价"介绍过的最大似然估计算法。针对训练集数据，用公式（2.34）计算出概率，并随机进行预测，最后把能够得到正确预测结果的概率值最大化。

例如，第 n 个数据 x_n 的预测结果为 k，则这个预测结果的准确概率就可以表示为 $P_k(x_n)$。但是现在表示正确结果的标签数据还是会以"1-of-K 向量"的形式给出。

$$t_n = (0, \cdots, 0, 1, 0, \cdots, 0)（只有第 k 个元素为 1） \tag{2.37}$$

如果泛化表示，则可以表示为 $\boldsymbol{t}_n = (t_{1n}, t_{2n}, \cdots, t_{Kn})$，这样第 n 个数据预测正确的概率 P_n 就可以用如下公式表示。

$$P_n = \prod_{k'=1}^{K} \{P_{k'}(\boldsymbol{x}_n)\}^{t_{kn}} \tag{2.38}$$

这种写法可能看上去有点不好理解，其实是利用了对于任意数都有 $x^0 = 1$，$x^1 = x$ 的特性。所有有 k' 的地方，就可以只取第 k 个元素的值。这样，所有预测结果都正确的概率 P 就可以由每个数据都正确时的概率相乘而得到。

$$P = \prod_{n=1}^{N} P_n = \prod_{n=1}^{N} \prod_{k'=1}^{K} \{P_{k'}(\boldsymbol{x}_n)\}^{t_{kn}} \tag{2.39}$$

然后就与公式（2.7）一样，只要求误差函数 E 的最小值就可以得到概率 P 的最大值。

$$E = -\log P \tag{2.40}$$

这里，运用公式（2.8）所表示的对数函数公式可以改写为如下形式。

$$E = -\sum_{n=1}^{N} \sum_{k'=1}^{K} t_{k'n} \log P_{k'}(\boldsymbol{x}_n) \tag{2.41}$$

这个误差函数用矩阵形式表示时，我们在 2.1.2 节"通过 TensorFlow 执行最大似然估计"中介绍过，会有图 2.5 所示的 Broadcasting 机制与 TensorFlow 的 tf.reduce_sum 函数。

首先我们把每个标签数据的矩阵形式定义如下。

$$\boldsymbol{T} = \begin{pmatrix} t_{11} & t_{21} & \cdots & t_{K1} \\ t_{12} & t_{22} & \cdots & t_{K2} \\ \vdots & \vdots & \vdots & \vdots \\ t_{1N} & t_{2N} & \cdots & t_{KN} \end{pmatrix} \tag{2.42}$$

把公式（2.34）、（2.42）和公式（2.41）相比较，就可以知道 $\log \boldsymbol{P}$（根据函数的 Broadcasting 机制对 $\boldsymbol{P}$ 中的每个元素都求 $\log$）和 $\boldsymbol{T}$ 的每个元素相乘，然后相乘得到的结果中每个元素再求和，就可以得到与公式（2.41）恰好完全一致的结果。

$$E = -\text{tf.reduce\_sum}(\boldsymbol{T} * \log \boldsymbol{P}) \qquad (2.43)$$

这里对矩阵应用 tf.reduce_sum，可以得到矩阵中所有元素的和。

这样第二步的准备工作就完成了。之后我们会对第一步的公式（2.29）、（2.33）以及第二步中的公式（2.43）用 TensorFlow 代码进行逐一替换，并用训练集对参数进行优化处理。

2.3.3　TensorFlow 执行训练

接下来我们对已经准备好的内容用 TensorFlow 代码进行实践。下面代码对应的 Notebook 为"Chapter02/MNIST softmax estimation.ipynb"。

01

首先与之前一样导入必须用到的一些模块，然后设定随机数种子。第 4 行代码导入了可以获取 MNIST 数据集的模块。

[MSE-01]

```
1:import tensorflow as tf
2:import numpy as np
3:import matplotlib.pyplot as plt
4:from tensorflow.examples.tutorials.mnist import input_data
5:
6:np.random.seed(20160604)
```

下载MNIST数据集，再赋值给变量mnist后，数据集就可以使用了。

[MSE-02]

```
1:mnist = input_data.read_data_sets("/tmp/data/", one_hot=True)
```

针对训练集数据，用代码来实现对数据分类结果的概率计算的公式。

[MSE-03]

```
1:x = tf.placeholder(tf.float32,[None,784])
2:w = tf.Variable(tf.zeros([784,10]))
3:w0 = tf.Variable(tf.zeros([10]))
4:f = tf.matmul(x,w)+ w0
5:p = tf.nn.softmax(f)
```

变量x、w、w0、f、p分别对应公式（2.27）的 X、公式（2.28）的 W 和 w、公式（2.30）的 F、公式（2.34）的 P。x表示设置了训练集的Placeholder值，数据量指定为None，与之前一样表示可以任意设置数据量的大小。每条数据的元素数量与图片数据的像素数量一致，都是 $28 \times 28 = 784$ 个。w和w0表示之后需要优化的Variable值，初始值全部设为0。虽然在公式（2.28）中 W 表示 $M \times K$ 的矩阵，但实际上其大小是 784×10 的矩阵，同样w表示为有10个元素的行向量。上述代码的第4行和第5行分别对f和p进行计算，对应公式（2.29）和公式（2.33）。这里要注意，与之前说明过的一样，同样适用了Broadcasting机制。

还有一点，虽然变量w0本来应该是 1×10 的矩阵，应该把大小定义为 $[1, 10]$，但是这里把一维列表的大小定义为 $[10]$，后面的运算也同样会适用Broadcasting机制进行。一次函数中的常量一般被称为偏差，在后面的代码中，有关定义偏差的行向量都表示一维列表的大小。

04

接下来，定义误差函数，并设定用于最小化误差值的训练集优化算法。

[MSE-04]
```
1:t = tf.placeholder(tf.float32,[None,10])
2:loss = -tf.reduce_sum(t * tf.log(p))
3:train_step = tf.train.AdamOptimizer().minimize(loss)
```

上述代码第1行的t，是对应在公式（2.42）中放置训练集标签数据的
Placeholder值。第3行的train_step，指定了用tf.train.AdamOptimizer的训练集
优化器算法来对loss进行最小化运算。

05

接下来还有一步，根据训练得到的结果，定义用于计算测试集正确率的关
系式。

[MSE-05]
```
1:correct_prediction = tf.equal(tf.argmax(p,1),tf.argmax(t,1))
2:accuracy = tf.reduce_mean(tf.cast(correct_prediction,tf.float32))
```

上述代码第1行的tf.argmax函数，可以取出多元素列表中元素最大值的
索引。p和t分别对应公式（2.34）和公式（2.42），把每条数据对应的行向量转
为列向量，然后调用tf.argmax，返回每行中元素最大值的索引。tf.argmax的第
2个参数是1，表示沿横轴方向检索，如果参数为0，则表示沿纵轴方向检索，
并找出各列中元素最大值的索引。具体可参考图2.20给出的例子。

$$\boldsymbol{M} = \begin{pmatrix} 0 & 20 & 40 & 60 \\ 60 & 0 & 20 & 40 \\ 40 & 60 & 0 & 20 \end{pmatrix}$$

横轴方向检索：$\mathrm{np.argmax}(\boldsymbol{M},1) = (3,0,1)$ ⎫
⎬ 最大元素的索引
纵轴方向检索：$\mathrm{np.argmax}(\boldsymbol{M},0) = (1,2,0,0)$ ⎭

图2.20 np.argmax 函数应用示例

然后确认每个数字图片的最大概率数字和标签指定的正确数字是否相等（图2.21）。correct_prediction就表示p和t所包含的每条数据确认结果的布尔值列表。第2行代码通过tf.cast函数把布尔值转换为1、0后，再对全体求平均值，最后计算出准确率。

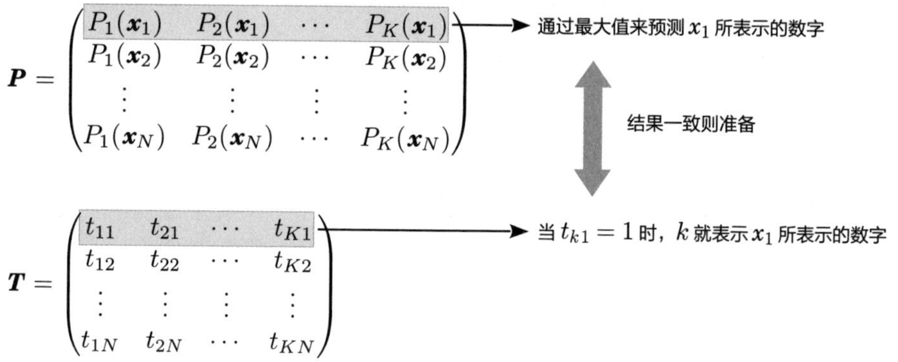

$$\boldsymbol{P} = \begin{pmatrix} P_1(\boldsymbol{x}_1) & P_2(\boldsymbol{x}_1) & \cdots & P_K(\boldsymbol{x}_1) \\ P_1(\boldsymbol{x}_2) & P_2(\boldsymbol{x}_2) & \cdots & P_K(\boldsymbol{x}_2) \\ \vdots & \vdots & \vdots & \vdots \\ P_1(\boldsymbol{x}_N) & P_2(\boldsymbol{x}_N) & \cdots & P_K(\boldsymbol{x}_N) \end{pmatrix}$$

→ 通过最大值来预测 x_1 所表示的数字

结果一致则准备

$$\boldsymbol{T} = \begin{pmatrix} t_{11} & t_{21} & \cdots & t_{K1} \\ t_{12} & t_{22} & \cdots & t_{K2} \\ \vdots & \vdots & \vdots & \vdots \\ t_{1N} & t_{2N} & \cdots & t_{KN} \end{pmatrix}$$

→ 当 $t_{k1} = 1$ 时，k 就表示 x_1 所表示的数字

图2.21　预测概率最大的数字

06

到这里准备工作就结束了。接下来，我们用训练集数据进行参数优化。首先新建Session，并初始化Variable值。

[MSE-06]

```
1:sess = tf.InteractiveSession()
2:sess.run(tf.initialize_all_variables())
```

07

然后用梯度下降法对参数进行2 000次优化处理。每执行100次，就用参数计算测试集的误差函数和准确率并打印出来。

```
 1:i = 0
 2:for _ in range(2000):
 3:    i += 1
 4:    batch_xs,batch_ts = mnist.train.next_batch(100)
 5:    sess.run (train_step,feed_dict={x: batch_xs,t: batch_ts})
 6:    if i % 100 == 0:
 7:        loss_val,acc_val = sess.run([loss,accuracy],
 8:            feed_dict={x:mnist.test.images,t: mnist.test.labels})
 9:        print ('Step: %d,Loss: %f,Accuracy: %f'
10:            %(i,loss_val,acc_val))
```
———————————————————————————
```
Step: 100,Loss: 7747.078613,Accuracy: 0.848400
Step: 200,Loss: 5439.366211,Accuracy: 0.879900
Step: 300,Loss: 4556.463379,Accuracy: 0.890900
Step: 400,Loss: 4132.035156,Accuracy: 0.896100
…… 省略 ……
Step: 1800,Loss: 2902.119141,Accuracy: 0.919000
Step: 1900,Loss: 2870.736328,Accuracy: 0.920000
Step: 2000,Loss: 2857.827393,Accuracy: 0.921100
```

这里需要注意上述代码的第4~5行。第4行代码取出了训练集中的100条数据，第5行代码对取出的数据用梯度下降法调整参数。到目前为止都是用训练集所有的数据反复进行参数调整，但是这里只对一部分数据反复进行了参数调整，如图2.22所示。

每次调用mnist.train.next_batch会取出下一批数据，同时保存数据取出后的位置。全部数据取完后，会返回到开始位置，并返回相同数据。这种取数据的方法称为小批量或随机梯度下降法。关于这种方法的具体功能将在2.3.4节"小批量梯度下降法和随机梯度下降法"中进行详细说明。

第7~8代码，针对测试数据计算了其误差函数loss和准确率accuracy的值。mnist.test.images和mnist.test.labels分别表示测试数据中包含的所有图片数据和标签数据列表（NumPy的array对象）。针对测试集循环2 000次的计算，最后达到了大约92%的准确率。

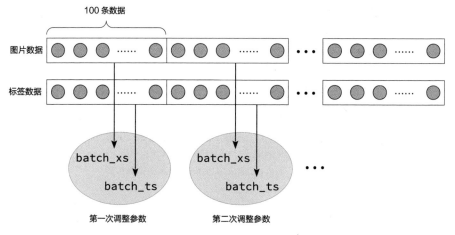

100 条数据

图片数据

标签数据

batch_xs

batch_ts

batch_xs

batch_ts

第一次调整参数   第二次调整参数

图 2.22 针对小批量数据调整参数

08

最后，我们试着用实际图片确认得到的结果。如下就是针对 "0"～"9" 数字的图片，从测试集数据中各取 3 个正确数字和不正确数字并将其显示出来。

[MSE-08]

```
 1:images,labels = mnist.test.images,mnist.test.labels
 2:p_val = sess.run(p,feed_dict={x:images,t: labels})
 3.
 4:fig = plt.figure(figsize=(8,15))
 5:for i in range(10):
 6:    c = 1
 7:    for (image,label,pred)in zip(images,labels,p_val):
 8:        prediction,actual = np.argmax(pred),np.argmax(label)
 9:        if prediction != i:
10:            continue
11:        if (c < 4 and i == actual)or(c >= 4 and i != actual):
12:            subplot = fig.add_subplot(10,6,i*6+c)
13:            subplot.set_xticks([])
14:            subplot.set_yticks([])
15:            subplot.set_title('%d / %d' %(prediction,actual))
16:            subplot.imshow (image.reshape((28,28)),vmin=0,vmax=1,
17:                            cmap=plt.cm.gray_r,interpolation="nearest")
18:            c += 1
```

```
19:        if c > 6:
20:            break
```

上述代码执行后，就可以得到图2.23所示的结果。每行中左侧3个为预测正确的结果，右侧3个为预测错误的结果。每个图片上面的标签，以"预测值/准确值"的形式显示。如果观察预测正确的数字，可能会认为我们得到了非常优秀的预测的成果，但是观察预测错误的数字，多少有些难以理解。为什么会发生这种错误的预测，是不是有什么未知的理由导致的呢？

这里我们回顾分类的根本原理可能就能理解这是为什么了。这里进行预测时会把给定的图片转换为以其中每个像素的浓度值排列而成的784维空间向量。通过判断向量在784维空间中是否在非常接近的位置来判断是不是同一个数字。回顾2.3.2节"图片数据的分类算法"中所描述的内容，再确认图2.18的示意图。

因此，是根据物理上像素点是否相互靠近来进行判断的。如果数字稍微有点翻转，上下左右位置稍微不一致，即使人眼能够看出是相同的数字，但是因为物理上像素的排列方式不同，判断结果就认为是不同的数字。相反，如果仔细观察判断结果错误的数字，是不是也有像素点聚集的地方与正确数字大概也是在相同位置的特点呢？

为了解决这个问题并提高识别准确率，就需要添加即使物理像素位置不同，也能够识别数字本身特点的处理。这个处理本身也可以说

图2.23　Softmax 函数的分析结果

正是CNN的本质。关于这点，下一章将继续分阶段详细说明。

2.3.4 小批量梯度下降法和随机梯度下降法

这一节对于图 2.22 所展示的针对小批量数据进行参数调整的部分进行补充说明。作为准备工作，在开始介绍之前我们先回顾梯度下降法的定义，即针对拥有参数 $(w_0, w_1, \cdots)$ 的误差函数 $E(w_0, w_1, \cdots)$ 来说，调整参数使 E 的值减小的一种方法。此时沿着 E 值减小的方向，梯度值可由如下定义决定。

$$\nabla E = \begin{pmatrix} \dfrac{\partial E}{\partial w_0} \\[2mm] \dfrac{\partial E}{\partial w_1} \\[1mm] \vdots \end{pmatrix} \tag{2.44}$$

与 1.1.4 节 "用 TensorFlow 优化参数" 的图 1.14 所描绘的一样，$-\nabla E$ 就是朝着误差函数的曲线底部直线下降的方法。

这里如果我们观察刚才例子中用到的误差函数公式（2.41），可以知道是基于训练集数据的求和运算。那么如下所示，就可以分解为对第 n 条数据的误差 E_n 的和。

$$E = \sum_{n=1}^{N} E_n \tag{2.45}$$

这样我们就可以把 E_n 用如下形式定义。

$$E_n = -\sum_{k'=1}^{K} t_{k'n} \log P_{k'}(\boldsymbol{x}_n) \tag{2.46}$$

此时，如果把代码［MSE-03］和［MSE-04］中的 Placeholder x 的值设置为部分训练集数据，那么算出来的误差函数 loss 结果会怎么样呢？由公式（2.45）可以得知，如果把 $\boldsymbol{x}$ 设为部分数据，求和运算也只是对这部分数据求和。在这个状态下运行训练集优化器算法，误差函数的值也是针对这一部分的数据产生的，当然调整参数也是针对这部分数据所产生的误差进行优化。所以针对原本全体数据的误差值其实也不一定会减小，误差函数的值并不是如图1.14所示那样平滑下降到谷底，而是曲折横转向下。

　　但是在下一次的调整处理中，就会换一批其他数据继续进行。这样循环反复，曲折向下至误差函数的谷底，但是最终也会慢慢接近到真正的最小值，如图2.24所示。这就是小批量梯度下降法的思考方式，不是沿着一条直线趋向于最小值，而是朝着一个随机的最小值调整，所以也可以称为随机梯度下降法。

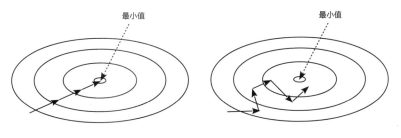

最小值　　　　　　　　　　　　　　最小值

对所有数据进行梯度下降法运算　　　　对小批量数据进行随机递度下降法运算

图2.24　随机梯度下降法运算向最小值收束示例图

　　应用小批量或者随机梯度下降法有什么意义呢？其目的可以说有两个。一是如果在训练集数据特别庞大的情况下，可以减少每次的运算量。一般情况下，求某个函数梯度的运算的计算量是非常大的。虽然TensorFlow把梯度的计算自动化了，使用者对这个计算过程并没有太大感觉，但是其实际的运算量还是需要注意的。如果向训练集中投入了大量的数据，训练集优化器算法的计算过程就会变得非常缓慢或者会消耗大量的内存，从而失去实际的操作性。

　　小批量处理，即把每次处理的数据量减少，将优化处理过程的循环次数增多，这样就可以减少整体数据的运算时间。但如果每次投入的数据量过少，也存在不能朝着最小值方向计算，或者到达最小值的过程需要循环的次数可能会增多的可能性。关于每次处理数据的多少的问题，需要通过试错来发现最优值。

　　另外一个目的就是可以避开极小值，从而能够准确抵达最小值。误差函数E除了拥有最小值以外还有可能有极小值，如图2.25所示。如果全部训练集的数据都投入使用，按照梯度下降法来计算时，有可能会根据最开始设定的参数值一直朝着极小值的方向计算，最后有可能在极小值点收敛。因为极小值点的梯度值也为0，所以无论再怎么调整参数，也无法再从极小值移开。

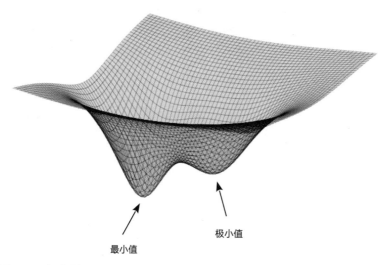

图2.25　拥有最小值和极小值的误差函数示例图

　　但是如果是使用随机梯度下降法，因为并没有把全部训练集数据投入计算，梯度值不会被固定，而是随机曲折移动，所以即使到了极小值点的附近，多次循环调整参数，就有可能偶然从极小值的谷底脱出，朝着正确的最小值的方向再次移动。只要进入最小值的深谷中，即使再怎么随机移动，从中脱出的可能性也会很小。

　　像这样虽然计算过程不全是正确的，但是能够避开极小值，这也是随机梯度下降法的优点。在之后我们使用MNIST数据集的代码中，如果没有特殊情况，我们就使用小批量数据进行优化算法处理。

第3章

应用神经网络进行分类

上一章应用Softmax函数的多元分类器对手写数字图片进行了分类。用TensorFlow代码针对测试集进行测试后，其准确率大约为92%。这还只是使用了对应第1章刚开始的图1.2中最右侧节点的部分。本章将会添加前面全连接层调用的那些节点群（见图3.1），以对二维平面数据分类为例，来确认全连接层的功能，然后在此基础上再次对手写数字进行分类。

还有我们会利用TensorFlow自带的可视化工具TensorBoard，来对神经网络的构造以及参数变化进行图形化显示并加以说明。

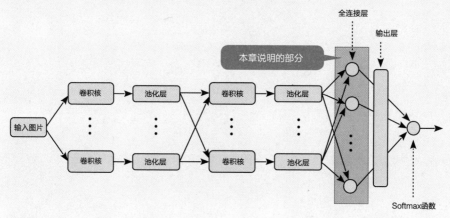

图3.1　CNN的整体示意图与本章说明的部分

3.1 单层神经网络的构成

本节对于只添加了一个全连接层的"单层神经网络"的构成进行详细介绍。我们还是以针对二维平面数据分类的二元分类器为例,进行具体实践和验证确认。这里用到的示例问题还是在1.1.2节"神经网络的必要性"中介绍过的,即针对某次检查结果 (x_1, x_2) 计算出其被病毒感染的概率 $P(x_1, x_2)$。

3.1.1 使用单层神经网络的二元分类器

计算病毒感染概率的问题,是以平面上的坐标 (x_1, x_2) 作为输入数据,并以此来算出病毒感染的概率 $z = P(x_1, x_2)$。如果把单层神经网络模型化,会用到如图3.2所示的神经网络形式。这种神经网络分为输入层、隐藏层和输出层三个组成部分,在隐藏层中会把输入数据代入到一次函数中计算并通过"激活函数"转换后进行输出。

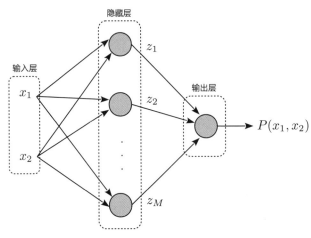

图3.2 使用单层神经网络的二元分类器

具体来说，隐藏层中全部 M 个节点分别输出后的结果可以通过如下算式计算得到。有关激活函数 $h(x)$ 的具体内容，我们稍后说明。

$$
\begin{cases}
z_1 = h(w_{11}x_1 + w_{21}x_2 + b_1) \\
z_2 = h(w_{12}x_1 + w_{22}x_2 + b_2) \\
\quad\quad\quad\quad \vdots \\
z_M = h(w_{1M}x_1 + w_{2M}x_2 + b_M)
\end{cases}
\tag{3.1}
$$

而且在最后的输出层，这些值会代入一次函数中计算并通过 Sigmoid 激活函数转换为 0～1 的概率值。

$$
z = \sigma(w_1 z_1 + w_2 z_2 + \cdots + w_M z_M + b)
\tag{3.2}
$$

这里的一次函数的参数（系数和常数）与之前我们讲到的稍有不同。公式（3.2）的本质与 2.1.1 节"利用概率进行误差评价"的公式（2.1）和公式（2.3）的计算内容是完全相同的，可以认为是本来由这两个值决定的数据 (x_1, x_2)，在通过隐藏层的处理后，扩展成了由 M 个值组成的数据 $(z_1, \cdots, z_M)$。

在 1.1.2 节"神经网络的必要性"的图 1.9 中，像这样包括最后输出层的神经网络，我们称为"由两层节点组成的神经网络"。但其实输入层和输出层是一定要有的，在这里我们只需要注意隐藏层的层数，所以如图 3.2 所示的神经网络我们称为"单层神经网络"。3.3 节"扩展为多层神经网络"会讲两个隐藏层重叠的例子，那时我们会将它称为"两层神经网络"[①]。

而且如图 1.9 中所示，隐藏层的激活函数使用了与输出层相同的 Sigmoid 激活函数。与我们之前提到过的一样，激活函数 $\sigma(x)$ 是会以 $x = 0$ 为边界从 0～1 变化的函数，这样就可以模拟组成人脑的神经细胞中"神经元"的反应模式。通过在隐藏层输出时调用 Sigmoid 激活函数，就可以模拟随着输入信号变化来激活神经元，并同时输出 0 和 1 信号。

---

① 有关神经网络的层数，不同的文献有不同的表述。在本书后续内容中，我们所说的隐藏层数就指神经网络的层数。

但是，机器学习模型也并不是一定要完全模拟现实中的神经元，只要有相应的输出值与输入值相对应就可以了。所以，在实际中，激活函数除了Sigmoid激活函数以外，还有双曲正切函数 $\tanh x$ 和ReLU（Rectified Linear Unit，线性整流函数）等函数可以使用，如图3.3所示。这里请注意，各激活函数所表示的图形的纵轴取值范围是不相同的。

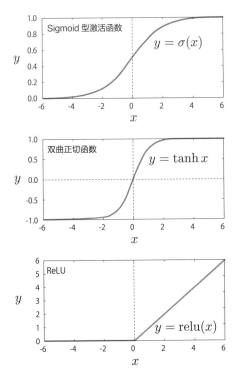

图3.3 具有代表性的激活函数示意图

虽然在后面的具体计算中并不会用到，但我们这里还是把各激活函数的数学定义列举出来。

$$\sigma(x) = \frac{1}{1 + \mathrm{e}^{-x}} \tag{3.3}$$

$$\tanh x = \frac{\mathrm{e}^x - \mathrm{e}^{-x}}{\mathrm{e}^x + \mathrm{e}^{-x}} \tag{3.4}$$

$$\mathrm{relu}(x) = \max(0, x) \tag{3.5}$$

在神经网络的研究历史中，使用哪种激活函数也在发生变化。最初，Sigmoid激活函数只是因为可以对应神经元的实际操作所以被广泛采用。后来，因为发现如果激活函数通过原点能够获得更好的计算效率，所以双曲正切函数也渐渐被使用起来。

然而，近来深度学习采用了多层神经网络，通过ReLU激活函数则可以更加快速地优化参数。Sigmoid激活函数和双曲正切函数都是随着x增大，输出值会向一个定值递增，曲线的倾斜度也逐渐趋于0。在计算误差函数的梯度时，如果激活函数的倾斜度越小，梯度值就会随之越小，进而参数优化的计算处理就会变得越困难。

因为双曲正切函数的理论分析比较容易理解，所示本章就用它来进行示例说明。后面我们会补充说明如果把激活函数换成ReLU后会有什么效果。在接下来的3.2节"应用单层神经网络进行手写数字分类"对手写数字进行分类处理时，我们会按照一般深度学习的惯用做法，使用ReLU作为激活函数。

3.1.2　隐藏层的作用

接下来我们看看在导入了隐藏层后会发生什么样的变化。首先，我们举一个相对简单的例子，拥有两个节点的隐藏层如图3.4所示。这时隐藏层有z_1和z_2两个输出值，如下为它们的定义。

$$\begin{cases} z_1 = \tanh(w_{11}x_1 + w_{21}x_2 + b_1) \\ z_2 = \tanh(w_{12}x_1 + w_{22}x_2 + b_2) \end{cases} \tag{3.6}$$

像这样的算式与2.1.1节"利用概率进行误差评价"的图2.3所示的Sigmoid激活函数计算概率的算式是非常相似的。在公式（3.6）中，双曲正切激活函数的参数部分是关于(x_1, x_2)的一次函数，它对应了把平面(x_1, x_2)用直线分割的操作。而且在分割线的两侧，激活函数的值是从-1～1线性变化的。

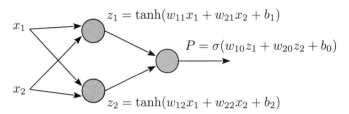

$$z_1 = \tanh(w_{11}x_1 + w_{21}x_2 + b_1)$$

$$P = \sigma(w_{10}z_1 + w_{20}z_2 + b_0)$$

$$z_2 = \tanh(w_{12}x_1 + w_{22}x_2 + b_2)$$

图3.4 隐藏层拥有两个节点的示例图

此时，如图 3.3 所示，$\tanh x$ 的值在 $x = 0$ 的两侧急剧变化。简单来说就是，z_1 和 z_2 的值沿分割线从 $-1 \sim 1$ 急剧变化。这里平面 (x_1, x_2) 上基于各点的 z_1 和 z_2 值，可以用图 3.5 表示出来。像这样，平面 (x_1, x_2) 被两根直线分割成了 4 个区域，①~④的每个区域的 z_1 和 z_2 值都对应表 3.1 所列的取值范围。

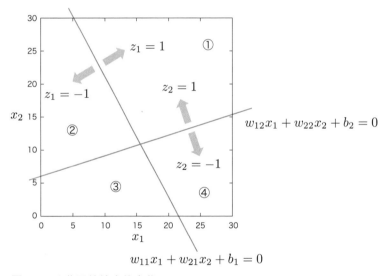

图3.5 隐藏层的输出值变化

表3.1 平面 (x_1, x_2) 的区域与对应 (z_1, z_2) 的值

区域	(z_1, z_2)
①	$(1, 1)$
②	$(-1, 1)$
③	$(-1, -1)$
④	$(1, -1)$

像这样把最后取到的 (z_1, z_2) 值代入输出层的 Sigmoid 激活函数后，就可以

算出对应的概率值 P，具体算式如下所示。

$$P = \sigma(w_{10}z_1 + w_{20}z_2 + b_0) \tag{3.7}$$

(z_1, z_2) 就是图 3.5 所示的 4 个区域最终取到的值，$P(z_1, z_2)$ 就对应属于每个区域时的概率。如果对于没有隐藏层、只有输出层的逻辑回归算法，与 2.1.2 节 "通过 TensorFlow 执行最大似然估计" 的图 2.9 所示的那样，平面 (x_1, x_2) 可以被直线分割成两个区域。刚好这里可以看作是把分割领域扩张成为了 4 个区域。

接下来我们就用实际的 TensorFlow 代码来实践，看是否可以真的得到这样的结果。下面代码对应的 Notebook 为 "Chapter03/Single layer network example.ipynb"。这些代码是为了再现图 3.5 那样的图形而写的，可能有部分代码并不是最优的写法，因此仅作为对于图 3.4 所示的单层神经网络的 TensorFlow 代码实现方式的一般写法的参考。

01

导入模块，定义随机数种子。

[SNE-01]

```
1:import tensorflow as tf
2:import numpy as np
3:import matplotlib.pyplot as plt
4:from numpy.random import multivariate_normal,permutation
5:import pandas as pd
6:from pandas import DataFrame,Series
7:
8:np.random.seed(20160614)
9:tf.set_random_seed(20160614)
```

上述代码的第 8~9 行代码设定了随机数种子，第 8 行是用 NumPy 模块中的随机数生成种子进行设定的，第 9 行则是对 TensorFlow 模块中的随机数生成种子进行设定。与之前一样，训练集数据的生成还是会使用 NumPy 提供的随机数，之后的神经网络参数初始值即一次函数系数的设定，使用 TensorFlow 的随机数生成功能。

用随机数生成训练集数据。

[SNE-02]

```
 1:def generate_datablock(n,mu,var,t):
 2:    data = multivariate_normal(mu,np.eye(2)*var,n)
 3:    df = DataFrame(data,columns=['x1','x2'])
 4:    df['t'] = t
 5:    return df
 6.
 7:df0 = generate_datablock(15,[7,7],22,0)
 8:df1 = generate_datablock(15,[22,7],22,0)
 9:df2 = generate_datablock(10,[7,22],22,0)
10:df3 = generate_datablock(25,[20,20],22,1)
11:
12:df = pd.concat([df0,df1,df2,df3],ignore_index=True)
13:train_set =df.reindex(permutation(df.index)).reset_index(drop=True)
```

这里把平面 (x_1, x_2) 像图 3.5 那样分成了 4 个区域，并分别为每个区域设置数据。右上侧区域设置为 $t = 1$ 的数据，其他区域设置为 $t = 0$ 的数据。具体代码内容与 2.1.2 节 "通过 TensorFlow 执行最大似然估计" 的 [MLE-02] 大致是相同的。

03

上面代码把生成的数据保存在了 pandas 的 DataFrame 中，接下来我们把 (x_1, x_2) 和 t 中所保存的数据用纵向矩阵的形式全部取出来。

[SNE-03]

```
 1:train_x = train_set[['x1','x2']].as_matrix()
 2:train_t = train_set['t'].as_matrix().reshape([len(train_set),1])
```

变量 train_x 和 train_t 分别对应下面的 X 和 t 矩阵。

$$X = \begin{pmatrix} x_{11} & x_{21} \\ x_{12} & x_{22} \\ x_{13} & x_{23} \\ \vdots & \vdots \end{pmatrix}, \quad t = \begin{pmatrix} t_1 \\ t_2 \\ t_3 \\ \vdots \end{pmatrix} \tag{3.8}$$

04

接下来我们用 TensorFlow 代码实现图 3.4 所示的神经网络。隐藏层的值 (z_1, z_2) 用矩阵的形式计算可以用如下算式表示。

$$Z = \tanh(XW_1 \oplus b_1) \tag{3.9}$$

其中，Z 表示在数据集中第 n 个数据 (x_{1n}, x_{2n}) 所对应的值 (z_{1n}, z_{2n}) 排列而成的矩阵，W_1 和 b_1 分别表示一次函数系数和常数项排列而成的矩阵。

$$Z = \begin{pmatrix} z_{11} & z_{21} \\ z_{12} & z_{22} \\ z_{13} & z_{23} \\ \vdots & \vdots \end{pmatrix}, \quad W_1 = \begin{pmatrix} w_{11} & w_{21} \\ w_{21} & w_{22} \end{pmatrix}, \quad b_1 = (b_1, b_2) \tag{3.10}$$

公式（3.9）中用到的 $\oplus$ 运算符与 2.3.2 节 "图片数据的分类算法" 的公式（2.29）相同，都适用 Broadcasting 机制的加法运算，如果对象为函数时也会适用针对函数的 Broadcasting 机制。

05

从隐藏层的值计算输出层值的运算部分，可以用如下算式表示。

$$P = \sigma(ZW_0 \oplus b_0) \tag{3.11}$$

其中，P 是第 n 个数据对应的输出值，即当 $t = 1$ 时由概率 P_n 排列而成的矩阵，W_0 是由一次函数系数排列而成的矩阵。

$$P = \begin{pmatrix} P_1 \\ P_2 \\ P_3 \\ \vdots \end{pmatrix}, \quad W_0 = \begin{pmatrix} w_{10} \\ w_{20} \end{pmatrix} \tag{3.12}$$

$\boldsymbol{b}_0$是一次函数中的常数项值，在公式（3.11）的计算中，与刚才一样也适用Broadcasting机制。公式（3.8）～公式（3.12）的内容全部可以改写为如下TensorFlow代码。

[SNE-04]

```
 1:num_units = 2
 2:mult = train_x.flatten().mean()
 3:
 4:x = tf.placeholder(tf.float32,[None,2])
 5.
 6:w1 = tf.Variable(tf.truncated_normal([2,num_units]))
 7:b1 = tf.Variable(tf.zeros([num_units]))
 8:hidden1 = tf.nn.tanh(tf.matmul(x,w1)+ b1*mult)
 9:
10:w0 = tf.Variable(tf.zeros([num_units,1]))
11:b0 = tf.Variable(tf.zeros([1]))
12:p = tf.nn.sigmoid(tf.matmul(hidden1,w0)+ b0*mult)
```

对于这段代码，我们需要稍做补充说明。首先，第1行代码的变量num_units指定了隐藏层中节点的数量。这里默认指定为2，但是如果希望改变节点数，确认结果会发生什么变化，直接更改这里的节点数就可以了。第2行表示对训练集中包含的所有x_1和x_2数据求平均值，这段代码在后面的提高参数优化速度的技巧中将用到。

第4行的x对应公式（3.8）的Placeholder。与之前一样，为了方便随意修改设置数据的大小，这里指定大小为[None,2]。第6行和第7行的w1和b1，分别对应公式（3.10）的$\boldsymbol{W}_1$和$\boldsymbol{b}_1$的Variable。

请注意，这里的w1是用随机数作为初始值的。tf.truncated_normal是对多维列表的元素以平均值为0、标准偏差为1的正态分布随机数来初始化生成Variable，可以认为是以0为中心、以±1为范围的随机数[2]。到目前为止的Variable初始值都是设为0的，但是在隐藏层的系数设定中，必须设定成像这样的

---

② 严格来说，tf.truncated_normal 生成的数据不会超过标准偏差值的两倍。如果需要一般的正态分布数据，需要使用 tf.random_normal。

随机数。如果这些系数的初始值也设为0，可能在训练开始的初始状态就会与误差函数的驻点保持一致，这样梯度下降法的优化处理就无法继续执行下去。

第8行代码对应公式（3.9）。其中，tf.nn.tanh是双曲正切曲线对应的函数，变量hidden1对应公式（3.10）的Z。第8行的最后一部分常数项b1与第2行计算得出的常数mult（所有x_1和x_2数据的平均值）相乘，这是为了在提高参数优化处理速度时用到的小技巧。如果完全按照公式（3.9）来写代码，则在参数优化处理时会变得非常缓慢[③]。

同样，第10～12行代码对应公式（3.11）。其中，w0表示公式（3.12）的W_0所对应的Variable。p对应公式（3.12）的P所对应的计算结果值。与刚才的理由相同，在这里常数项b0也与常数mult进行了乘法运算。

06

接下来，分别定义误差函数、训练集优化器算法以及用于计算正确概率的运算式。

[SNE-05]

```
1:t = tf.placeholder(tf.float32,[None,1])
2:loss = -tf.reduce_sum(t*tf.log(p)+(1-t)*tf.log(1-p))
3:train_step = tf.train.GradientDescentOptimizer(0.001).minimize(loss)
4:correct_prediction = tf.equal(tf.sign(p-0.5),tf.sign(t-0.5))
5:accuracy = tf.reduce_mean(tf.cast(correct_prediction,tf.float32))
```

上述代码的本质与2.1.2节"通过TensorFlow执行最大似然估计"的[MLE-06]和[MLE-07]是相同的。对于神经网络来说，如果给定的数据已经决定下来不变，在往后的处理中，输出层的计算模式是基本上不会发生很大变化的。

---

③ 这种现象只有在针对这个特殊问题上才会出现。需要了解其理论依据的读者，可以参考下面书目中的4.2节"感知器的几何学解释"。

[1] 中井悦司. 机器学习入门之道 [M]. 姚待艳，译. 北京：人民邮电出版社，2018.

但是，第3行所指定的训练集优化器算法与我们之前用到的不同。之前我们用了tf.train.AdamOptimizer，这里取而代之使用了tf.train.GradientDescentOptimizer。这里用到的是在1.1.4节"用TensorFlow优化参数"中公式（1.19）所用到的梯度下降算法，将其简单地应用到了训练集优化器算法中，需要明确指定学习率的值。在这个例子中，学习率参数的值为0.001。这也是针对此类问题为了加速参数优化过程的一个小技巧[④]。

07

到这里，训练开始前的准备工作就结束了。接下来我们准备Session以及初始化Variable，开始进行优化参数处理。

[SNE-06]

```
1:sess = tf.InteractiveSession()
2:sess.run(tf.initialize_all_variables())
```

[SNE-07]

```
1:i = 0
2:for _ in range(1000):
3:    i += 1
4:    sess.run(train_step,feed_dict={x:train_x,t:train_t})
5:    if i % 100 == 0:
6:        loss_val,acc_val = sess.run(
7:            [loss,accuracy],feed_dict={x:train_x,t:train_t})
8:        print('Step: %d,Loss: %f,Accuracy: %f'
9:            %(i,loss_val,acc_val))
```

```
Step: 100,Loss: 44.921848,Accuracy: 0.430769
Step: 200,Loss: 39.270321,Accuracy: 0.676923
Step: 300,Loss: 51.999702,Accuracy: 0.584615
Step: 400,Loss: 21.701561,Accuracy: 0.907692
Step: 500,Loss: 12.708739,Accuracy: 0.953846
Step: 600,Loss: 11.935550,Accuracy: 0.953846
```

④ 在计算开始之前，其实我们是已经知道结果的，所以相比动态调节学习率，直接明确指定一个合适的学习率能使计算过程更加快速。这里把学习率设为0.001，也是经过试错运算后得出的结果。

第3章 应用神经网络进行分类

```
Step: 700,Loss: 11.454470,Accuracy: 0.953846
Step: 800,Loss: 10.915851,Accuracy: 0.953846
Step: 900,Loss: 10.570508,Accuracy: 0.953846
Step: 1000,Loss: 11.822164,Accuracy: 0.953846
```

在2.1.2节"通过TensorFlow执行最大似然估计"的代码［MLE-09］中，到参数收敛到最优值为止，用梯度下降法反复进行了20 000次调整参数的计算。但是，在这里收敛到最优参数值，只循环了很少的次数（1 000次）。能够得到这样的结果就是因为刚才把一次函数常数项乘以了mult，还有使用了固定学习率来进行训练集优化技巧。在机器学习中，需要针对不同问题分别进行深度学习，并且分别进行训练这一点，在这个例子中也得到了很好的体现。

08

这样我们就得到了结果，最后把得到的结果用图形来显示出来。

[SNE-08]
```
 1:train_set1 = train_set[train_set['t']==1]
 2:train_set2 = train_set[train_set['t']==0]
 3:
 4:fig = plt.figure(figsize=(6,6))
 5:subplot = fig.add_subplot(1,1,1)
 6:subplot.set_ylim([0,30])
 7:subplot.set_xlim([0,30])
 8:subplot.scatter(train_set1.x1,train_set1.x2,marker='x')
 9:subplot.scatter(train_set2.x1,train_set2.x2,marker='o')
10:
11:locations = []
12:for x2 in np.linspace(0,30,100):
13:    for x1 in np.linspace(0,30,100):
14:        locations.append((x1,x2))
15:p_vals = sess.run(p,feed_dict={x:locations})
16:p_vals = p_vals.reshape((100,100))
17:subplot.imshow(p_vals,origin='lower',extent=(0,30,0,30),
18:               cmap=plt.cm.gray_r,alpha=0.5)
```

110

上述代码可以得到图3.6所示的输出结果。由图可见，颜色的浓淡表示了当$t = 1$时概率$P(x_1, x_2)$的变化，两条直线把平面分为了4个区域。在本例中，右上区域的$P(x_1, x_2) > 0.5$，其他三个区域的$P(x_1, x_2) < 0.5$。

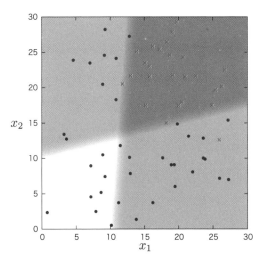

图3.6　通过隐藏层分为4个区域的结果示意图

另外，我们补充说明一下在代码［SNE-08］中的第11～16行，即对平面上各点(x_1, x_2)对应的概率$P(x_1, x_2)$计算的详细过程。首先，第11～14行把平面（$0 \leqslant x_1 \leqslant 30, 0 \leqslant x_2 \leqslant 30$）分割为$100 \times 100$的区域，由每个区域的代表的坐标组成列表并赋值给了locations。后面的第15行把列表保存至Placeholder x中，为了展示p的分布情况，取出各点对应的概率$P(x_1, x_2)$值并保存至NumPy的array对象中。第16行将其转换为100×100的二维列表，这样用图形表示的数据就准备好了。

在2.1.2节"通过TensorFlow执行最大似然估计"的代码［MLE-10］和［MLE-11］中，最后在进行优化处理时把参数取出来后，用具体的公式来计算概率$P(x_1, x_2)$的值。本例也用了同样的方法，所以需要与［SNE-04］相同的代码来计算。这里因为是在同一个Session内重复代码，所以可以省略不写。

到这里为止，我们就看到了隐藏层的效果。如图3.5所示，虽然作为我们说明时的前提，在边界线的两侧$z_1, z_2 = \pm 1$被清楚分割，但实际上是如图3.3中所示的$y = \tanh x$那样缓慢变化的。其结果也就是如图3.6所示的那样，边界线部分的颜色是缓慢地发生变化的。

3.1.3　改变节点数和激活函数后的效果

　　本小节基于单层神经网络，讲解增加隐藏节点数和改变激活函数后的效果。首先，增加隐藏层节点数，分割后的区域数也会增加，如图3.5所示。更加准确地说，就是增加节点数就会增加分割线，并且用于描述每个区域特征的变量也会增加。例如，如果使用了 M 个节点，那么每个区域就会有 $z_m = \pm 1$ $(m = 1, \cdots, M)$ 个特征。

01

　　用具体的代码来举例说明。

[SNE-04]

```
1:num_units = 4
```

[SNE-05]

```
3:train_step = tf.train.GradientDescentOptimizer(0.0005).minimize(loss)
```

[SNE-07]

```
2:for _ in range(4000):
```

　　上述代码只写出了修改的部分，即隐藏层的节点数增加为4个，学习率修改为0.0005，参数优化处理次数也增加为4 000次。由于参数的数量增加，所以可以预想到误差函数的形状会变得更为复杂。为了能够找到误差函数的最小值，参数就要更加精细地多次调整。运行修正后的代码，可以得到如图3.7所示的结果w[⑤]。

---

⑤　如果再次修改被运行过的 Notebook 代码，并希望再运行，可以按照 1.2.2 节 "Jupyter 的使用方法" 中的步骤，重启内核后，从第一个 cell 开始执行。

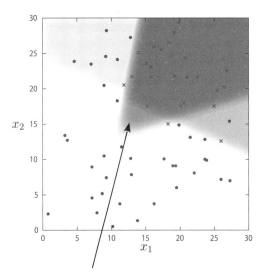

这部分 $t = 1$ 的概率在逐渐变小

图3.7 隐藏层节点数增加后的效果

由图可见，随着 $t = 1$ 的概率值变高，颜色会越来越浓。而且，在表示"×"的 $t = 1$ 数据所包围着的中央部分，$t = 1$ 的概率在逐渐变小。这部分区域是由3条直线相交后分割出来的。因为隐藏层还有个节点，所以原则上来说它应该是被4条直线分割，但这里除这3条直线外的另1条直线因为在本图的界限之外，所以并没有直接参与数据的分类。

像这样通过增加隐藏层的节点，就可以对应更加复杂的数据内容。对于MNIST数据集的手写数字分类时，需要对784维空间中的"0"~"9"共10个区域进行分类。对于庞大的训练集数据群，判断它们在784维空间中如何分布是非常难以想象的，但是只要增加隐藏层，就可以把复杂的数据简单化，并能够提高正确分类数据的可能性。

最后，我们观察改变激活函数后的效果。刚才我们也提到过，对于拥有很多参数的神经网络来说，相比于双曲正切曲线函数而言 ReLU 函数能够更好地优化参数。刚才我们把隐藏层的节点增加到了 4 个，接下来，我们把激活函数也改为 ReLU 来试试。

[SNE-04]

```
8:hidden1 = tf.nn.relu(tf.matmul(x,w1)+ b1*mult)
```

tf.nn.relu 就相当于设置了 ReLU 函数。执行后可以得到图 3.8 所示的输出结果。从图 3.3 可以得知，在 $x = 0$ 后值会持续发生变化。与此对应，在图 3.8 的边界部分也在缓慢地发生变化，通过这个简单的例子，我们可以很直观地了解到改变神经网络构成要素后达到的效果。除了这里介绍的以外，也可以通过改变其他设置来进行尝试。

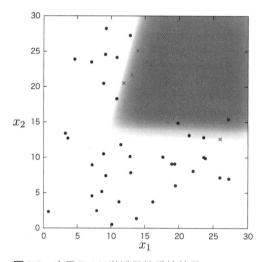

图 3.8 应用 ReLU 激活函数后的效果

3.2 应用单层神经网络进行手写数字分类

上一节以用于解决二维平面数据分类问题的二元分类器为例，帮助我们理解了单层神经网络的基本构造，还用 TensorFlow 代码实现了单层神经网络。本节将用同样的方法来尝试将其应用到 MNIST 数据集的手写数字分类问题上。

3.2.1 应用单层神经网络的多元分类器

图 3.9 是用于 MNIST 数据集分类的单层神经网络的示意图。可以看到，与之前相比增加了输入层中的数据量以及隐藏层中的节点数，输出层也与之前稍有不同，使用了 Softmax 函数。在后面的计算过程中，虽然我们会设置隐藏层的节点数为 1 024，但是一般情况下我们还是建议设置节点数为 M 进行计算。

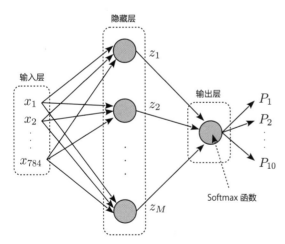

图 3.9 用于 MNIST 数据集分类的单层神经网络

在 2.2.2 节 "通过 Softmax 函数进行概率转换" 的公式（2.25）、（2.26）中，

我们列出过 Softmax 函数的公式。不管是给输入层输入数据，还是一次函数和激活函数的组合，直到隐藏层输出结果为止的部分与前面讲过的计算内容都是相同的。在得到输出数据后，通过下面的算式分别计算结果为"0"~"9"数字的概率。

$$f_k(z_1,\cdots,z_M) = w_{1k}^{(0)} z_1 + \cdots + w_{Mk}^{(0)} z_M + b_k^{(0)}\ (k = 1,\cdots,10) \tag{3.13}$$

$$P_k = \frac{\mathrm{e}^{f_k}}{\displaystyle\sum_{k'=1}^{10} \mathrm{e}^{f_{k'}}}\ (k = 1,\cdots,10) \tag{3.14}$$

只要能够计算出公式（3.13）中所包含的参数的右上角的(0)，那么后面的处理内容与前面讲过的是基本相同的。与 2.3.2 节"图片数据的分类算法"中的公式（2.37）~公式（2.43）相比，使用了相同的计算方法，先定义误差函数，然后对参数执行优化处理使误差达到最小。

接下来我们用 TensorFlow 的代码来具体实现并执行一下。下面代码对应的 Notebook 为"Chapter03/MNIST single layer network.ipynb"。

01

导入模块，设定随机数。为了用随机数初始化隐藏层所用到的参数，第 7 行代码使用了 TensorFlow 的模块设置随机数种子。

[MSL-01]

```
1:import tensorflow as tf
2:import numpy as np
3:import matplotlib.pyplot as plt
4:from tensorflow.examples.tutorials.mnist import input_data
5:
6:np.random.seed(20160612)
7:tf.set_random_seed(20160612)
```

02

下载MNIST数据集。

[MSL-02]

```
1: mnist = input_data.read_data_sets ("/tmp/data/", one_hot=True)
```

03

定义如图 3.9所示的单层神经网络对应的算式。

[MSL-03]

```
 1:num_units = 1024
 2:
 3:x = tf.placeholder(tf.float32,[None,784])
 4:
 5:w1 = tf.Variable(tf.truncated_normal([784,num_units]))
 6:b1 = tf.Variable(tf.zeros([num_units]))
 7:hidden1 = tf.nn.relu(tf.matmul(x,w1)+ b1)
 8:
 9:w0 = tf.Variable(tf.zeros([num_units,10]))
10:b0 = tf.Variable(tf.zeros([10]))
11:p = tf.nn.softmax(tf.matmul(hidden1,w0)+ b0)
```

上述代码的第1行设定了表示隐藏层节点数的变量num_units。第3行代码中的x，是对应输入层数据的Placeholder。第5～7代码计算了隐藏层的输出变量hidden1，这部分的代码，只是把输入层的数据量从2个改为了784个，其他内容与3.1.2节"隐藏层的作用"中的代码［SNE-04］本质上是完全相同的。接下来的第9～11行代码，是从隐藏层的输出到利用Softmax函数计算概率的部分。这里只是把输入值x改为了hidden1，其他部分与2.3.3节"TensorFlow执行训练"中的代码［MSE-03］本质上是一致的。

04

接下来定义误差函数loss、训练集优化器算法train_step以及正确概率

accuracy，这部分的内容与代码［MSE-04］和［MSE-05］是相同的。

[MSL-04]

```
1:t = tf.placeholder(tf.float32,[None,10])
2:loss = -tf.reduce_sum(t * tf.log(p))
3:train_step = tf.train.AdamOptimizer().minimize(loss)
4:correct_prediction = tf.equal(tf.argmax(p,1),tf.argmax(t,1))
5:accuracy = tf.reduce_mean(tf.cast(correct_prediction,tf.float32))
```

05

最后，准备好Session，然后执行参数优化处理，并打印出分类结果示例。
这部分代码与［MSE-06］～［MSE-08］的内容是完全相同的，所以在这里就不
再列出来了，但是执行参数优化时的输出结果如下所示。

```
Step: 100,Loss: 3136.286377,Accuracy: 0.906700
Step: 200,Loss: 2440.697021,Accuracy: 0.928000
Step: 300,Loss: 1919.005249,Accuracy: 0.941900
Step: 400,Loss: 1982.860718,Accuracy: 0.939400
Step: 500,Loss: 1734.469971,Accuracy: 0.945500
…… 省略 ……
Step: 1600,Loss: 1112.656494,Accuracy: 0.966600
Step: 1700,Loss: 953.149780,Accuracy: 0.972200
Step: 1800,Loss: 960.959900,Accuracy: 0.970900
Step: 1900,Loss: 1035.524414,Accuracy: 0.967900
Step: 2000,Loss: 990.451965,Accuracy: 0.970600
```

针对该数据集，最终达到了大约97%的正确率。相比对输出层只应用
Softmax函数，代码［MSE-07］中所达到的正确率大约为92%，可以说得到了
相当大的改善。作为参考，其分类结果的示例可以参照如图3.10所示的内容。
与2.3.3节"TensorFlow执行训练"中的图2.23一样，针对每个数字，都分别
表示了三个正确结果和三个不正确的结果。与图2.23只有输出层时进行对比，
是否能观察出其不同的地方呢？

图3.10 通过单层神经网络后的分类结果

3.2.2 通过 TensorBoard 确认网络图

到这里为止，我们用 TensorFlow 代码展现了单层神经网络的构造，并用代码成功进行了参数优化处理。但是，在往后的处理中，神经网络还会越来越复杂，这时可能就会担心代码到底有没有准确地实现设计好的神经网络。那么，我们就可以使用 TensorFlow 的图形化工具 TensorBoard 来帮助我们进行更好的确认。

TensorBoard可以把代码内部定义的神经网络构造进行图形化显示，节点之间的关联部分也可以直接通过图形确认。除此之外，在优化处理进行的过程中，各种参数（Variable）或者误差函数值等的变化过程也可以用图形来表示。但是在使用TensorBoard时，有以下几点需要在写代码时加以注意。

- 在with语句块中定义Placeholder、Variable、计算值；
- 在with语句块中通过声明命名范围，来对输入层、隐藏层、输出层等构成元素进行分组；
- 用到网络图时最好在代码内指定它的标签名；
- 定义表示图用的参数后，用SummaryWriter对象来进行数据输出。

接下来我们就基于上面列出的注意点改写刚才手写数字分类问题中用到的代码。下面代码对应的Notebook为"Chapter03/MNIST single layer network with TensorBoard.ipynb"。但是因为with语句中各种定义语句的代码必须写在一段之中，而在Jupyter Notebook中用多个cell分开写一段代码又比较困难，所以我们这里就把构成神经网络的每个元素用一个类来定义。

01

首先，导入必需的一些模块，然后准备MNIST数据集，这一部分代码与之前都是相同的。

[MST-01]

```
1:import tensorflow as tf
2:import numpy as np
3:import matplotlib.pyplot as plt
4:from tensorflow.examples.tutorials.mnist import input_data
5:
6:np.random.seed(20160612)
7:tf.set_random_seed(20160612)
```

[MST-02]

```
1:mnist = input_data.read_data_sets("/tmp/data/",one_hot=True)
```

接下来，把神经网络的构成元素用类SingleLayerNetwork来定义。

[MST-03]

```
 1:class SingleLayerNetwork:
 2:    def __init__(self, num_units):
 3:        with tf.Graph().as_default():
 4:            self.prepare_model(num_units)
 5:            self.prepare_session()
 6:
 7:    def prepare_model(self, num_units):
 8:        with tf.name_scope('input'):
 9:            x = tf.placeholder(tf.float32, [None, 784], name='input')
10:
11:        with tf.name_scope('hidden'):
12:            w1 = tf.Variable(tf.truncated_normal([784, num_units]),
13:                             name='weights')
14:            b1 = tf.Variable(tf.zeros([num_units]), name='biases')
15:            hidden1 = tf.nn.relu(tf.matmul(x, w1) + b1, name='hidden1')
16:
17:        with tf.name_scope('output'):
18:            w0 = tf.Variable(tf.zeros([num_units, 10]), name='weights')
19:            b0 = tf.Variable(tf.zeros([10]), name='biases')
20:            p = tf.nn.softmax(tf.matmul(hidden1, w0) + b0, name=
                              'softmax')
21:
22:        with tf.name_scope('optimizer'):
23:            t = tf.placeholder(tf.float32, [None, 10], name='labels')
24:            loss = -tf.reduce_sum(t * tf.log(p), name='loss')
25:            train_step = tf.train.AdamOptimizer().minimize(loss)
26:
27:        with tf.name_scope('evaluator'):
28:            correct_prediction = tf.equal(tf.argmax(p, 1), tf.
                                            argmax(t, 1))
29:            accuracy = tf.reduce_mean(tf.cast(correct_prediction, tf.float32),
30:                                      name='accuracy')
```

```
31:
32:          tf.scalar_summary("loss", loss)
33:          tf.scalar_summary("accuracy", accuracy)
34:          tf.histogram_summary("weights_hidden", w1)
35:          tf.histogram_summary("biases_hidden", b1)
36:          tf.histogram_summary("weights_output", w0)
37:          tf.histogram_summary("biases_output", b0)
38:
39:          self.x, self.t, self.p = x, t, p
40:          self.train_step = train_step
41:          self.loss = loss
42:          self.accuracy = accuracy
43:
44:      def prepare_session(self):
45:          sess = tf.InteractiveSession()
46:          sess.run(tf.initialize_all_variables())
47:          summary = tf.merge_all_summaries()
48:          writer = tf.train.SummaryWriter("/tmp/mnist_sl_logs",sess.graph)
49:
50:          self.sess = sess
51:          self.summary = summary
52:          self.writer = writer
```

　　上述代码的第2～5行是类实例在新建时最先被调用的构造器。在传入隐藏层节点数作为参数后，第3行代码中的with语句就是"图上下文"的开始处。在这个上下文中，通过调用定义的prepare_model（各种构成元素的定义）和prepare_session（创建Session），就可以把其中的定义内容用网络图的形式表示出来。

　　从第7～42行中的prepare_model的定义可以看出，其中第8～30行与代码［MSL-03］和［MSL-04］的内容是大致相同的，定义了在输入层、隐藏层、输出层中分别包含的Placeholder、Variable、计算值，还有误差函数、训练集优化器算法、正确概率等。第8、11、17、22、27行代码都使用with语句分别定义了各自"名称域"的上下文。这样一来每个构成元素就会被分组，在显示网络图的同时，相同组内的元素就会在同一个方框内显示。用with语句设定名称域时，需要用参数指定组名。对于每个元素也可以通过指定name选项值来指定在网络图中显示时的名称。

第32～37行代码声明了可以用来表示值变化图形用到的元素。例如，tf.scalar_ summary像误差函数或者正确概率那样，作为单一数值元素，其变化表现为折线形式；tf.histogram_summary则是针对包含多个元素的多维列表进行显示，这些值的分布显示结果形式为直方图。一般情况下，可以通过观察折线来确认误差函数或正确概率的变化，对于一般参数（Variable）的值，可以通过直方图的分布变化来确认。最后第39～42行代码中声明了从类外部访问时可以用到的实例变量。

第44～52行代码中的prepare_session，包含初始化Session和初始化Variable处理，还有为将数据输出至TensorBoard的数据做准备。第47行代码，是把第32～37行代码中声明的元素全部集中在一个集合对象，并保存在变量summary中。第48行代码，指定了数据输出文件夹地址（示例地址为/tmp/mnist_sl_logs）新建用于数据输出的SummaryWriter对象，并设置给变量writer。

第50～52行代码中，声明了包含Session对象sess等的实例变量。在后面的代码中，能够进行参数优化处理时，TensorBoard就可以使用这些实例变量，输出显示这些数据。

03

如果输出数据目录中有之前执行后残留的数据，TensorBoard的输出就会混乱，所以这里要把数据输出目录删除后重新新建。

[MST-04]

```
1:!rm -rf /tmp/mnist_sl_logs
```

04

接下来就可以执行参数的优化处理。

```
1:nn = SingleLayerNetwork(1024)
2:
3:i = 0
4:for _ in range(2000):
5:    i += 1
6:    batch_xs,batch_ts = mnist.train.next_batch(100)
7:    nn.sess.run(nn.train_step,feed_dict={nn.x: batch_xs,nn.t:
                batch_ts})
8:    if i % 100 == 0:
9:        summary,loss_val,acc_val = nn.sess.run(
10:           [nn.summary,nn.loss,nn.accuracy],
11:           feed_dict={nn.x:mnist.test.images,nn.t: mnist.test.
                labels})
12:       print('Step: %d,Loss: %f,Accuracy: %f'
13:             %(i,loss_val,acc_val))
14:       nn.writer.add_summary(summary,i)
```

上述代码本质上与没有使用 TensorBoard 时（[MSL-05]～[MSL-06]，或者 [MSE-06]～[MSE-08]）的部分代码是相同的。不同的是，第1行代码中新建的是在 [MST-03] 中定义的 SingeLayerNetwork 类实例，与神经网络相关的变量都是通过定义为类实例变量来操作的。另外，第9～11行代码获取了包含误差函数、正确率以及刚才准备好的集合对象变量 summary 的值；并在后面的第14行代码中，用刚才定义的 SummaryWriter 对象，把取到的内容写出到用于 TensorBoard 显示数据用的目录中；并且设置了 i 作为 TensorBoard 描画图形的参数，用来表示优化执行的次数。

05

这样需要传给 TensorBoard 的数据就准备好了。接下来，我们启动 TensorBoard 确认执行结果。通过 Jupyter 启动 TensorBoard 时，可以从如图 3.11 所示的下拉菜单中，依次选择"New"→"Terminal"来打开命令终端。然后在命令终端

内，执行如下命令，并指定选项 --logdir，用来设定刚才输出数据时用的文件
目录。

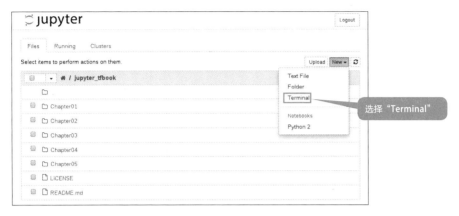

图3.11 打开命令行终端的菜单

```
# tensorboard --logdir=/tmp/mnist_sl_logs ⏎
```

06

接下来，打开浏览器输入 URL"http:// 服务器 IP 地址 :6006"，即可看到如图
3.12、图3.13 所显示的画面。在图3.12 的上半部分，通过菜单栏的 "EVENTS"
选项可以显示正确概率和误差函数值的图形；在图3.12 的下半部分，可以从菜
单栏的 "HISTOGRAMS" 选项中显示变量（Variable）变化的直方图，这个直
方图显示了当有多个参数值时其结果会如何分布。

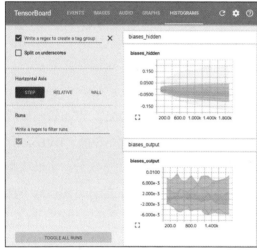

图3.12 用TensorBoard确认参数变化示意图

从图3.13中可以看出，神经网络中所包含的各元素之间互相相连。在代码 [MST-03] 中定义各元素时，用with语句定义名称域进行了分组，并且每个组 都会被放在一个大方框内显示。打开方框后，可以确认其内部的具体构成。图 3.13的下半部分就是把隐藏层"hidden"点开后的内部结构示意图。

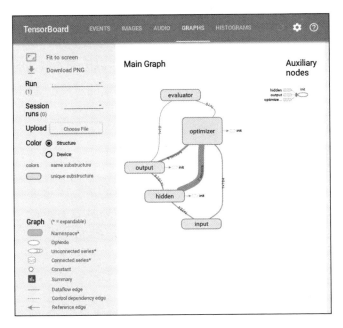

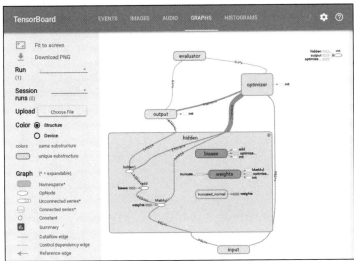

图3.13 用TensorBoard确认网络结构示意图

最后，通过在命令终端中按住［Ctrl]+[C］组合键，就可以把刚才启动的
TensorBoard停止，然后在命令终端中执行exit命令就可以把终端的进程也关闭。

```
# exit ⏎
```

进程没有关闭而终端画面被关掉的情况

如果第07步没有关闭进程而是直接把命令终端画面关闭，终端中
运行的进程会继续在后台执行，这时只要选择Notebook初始页面中的
"Running"选项卡，就可以看到运行中的进程。然后单击"Shutdown"
就可以把运行中的终端进程关闭，如图3.14所示。

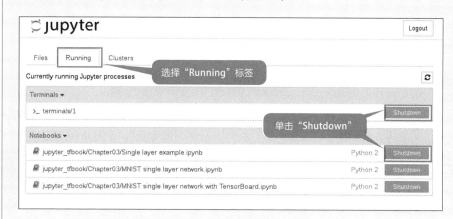

图3.14 停止终端或内核进程的方法

在图3.14中，Notebook执行中的内核进程也被显示出来。可以看出，
即使关闭内核进程，Notebook也会在后台继续执行，所以在画面中可以
把不需要的内核进程都关闭。尤其往后的示例代码消耗的内存容量会越
来越多，最好在这里把执行中的内核进程全部关闭，以腾出更多的内存
空间。

3.3 扩展为多层神经网络

前面的章节对只有一层隐藏层的单层神经网络进行了讲解。接下来，我们可以尝试把隐藏层增加至两层。这里有一点非常重要，从深度学习结构的角度来看，我们并不是要单纯地增加隐藏层的数量使其变得更加复杂，而是要通过增加隐藏层来使神经网络可以增持一个属性。接下来，我们仍以二维平面数据为例，来阐释增加隐藏层的意义。

3.3.1 多层神经网络的效果

在3.1.2节"隐藏层的作用"的图3.5中，通过在单层神经网络中的隐藏层设置两个节点，把一个平面分割成了4个区域，最终把图3.6中分布的数据很成功地进行了分类。接下来我们看一下，若采用同样的单层神经网络对图3.15所示的数据进行分类，是否也能够将其正确地分类呢？

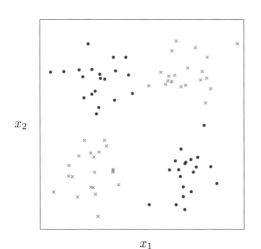

图3.15 在交叉位置中分布了不同类型数据的情况

很显然，答案是不能够被正确地分类。我们来看一下不能被正确分类的理由。通过拥有两个节点的隐藏层，最终把图3.5所示的平面(x_1, x_2)分割为了$(z_1, z_2) = (-1, -1)$、$(-1, 1)$、$(1, -1)$、$(1, 1)$共4个区域。之后在输出层中对这些传入的值调用如下函数计算出了当$t = 1$时的概率。

$$P = \sigma(w_{10}z_1 + w_{20}z_2 + b_0) \tag{3.15}$$

这里我们定义$g(z_1, z_2)$为Sigmoid激活函数中的一次函数。

$$g(z_1, z_2) = w_{10}z_1 + w_{20}z_2 + b_0 \tag{3.16}$$

此时，$g(z_1, z_2) = 0$就表示在平面(z_1, z_2)上的一条直线，公式（3.15）表示被直线分割后的两侧区域分别为$t = 1$区域和$t = 0$区域。通过观察图3.16可以知道，如果在相互交叉的位置中有不同类型的数据，是不能被直线分类的。我们再来观察图3.5中平面(x_1, x_2)和(z_1, z_2)值的关系，可以看出这种数据的分布是属于能够被正确分类的，但是如图3.15所示的数据分布是不能够被直线分类的。

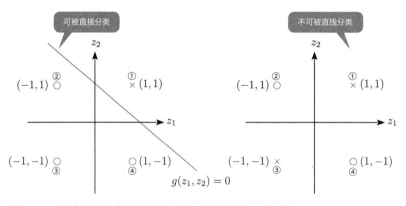

图3.16 可被直线分类和不可被直线分类的分布示意图

可以看出，问题的关键点在于输出层是否能够用简单的直线把平面(z_1, z_2)正确地分割开来。如果能扩展输出层的功能，使其变得能够对应更加复杂的分割情况，这类问题还是有可能解决的。那么"扩展输出层"都有什么样的方法呢？

实际上，我们是可以把输出层单独作为一个神经网络来处理的。那就会有人问了："怎么做才能把神经网络的输出层单独做成一个神经网络呢？"其实方法很简单，就是用两层神经网络来构建隐藏层，如图3.17所示。隐藏层的第一层输出 (z_1, z_2) 的值，然后再经过隐藏层的第二层处理后，就能够把如图3.15中分布的数据正确地进行分类。

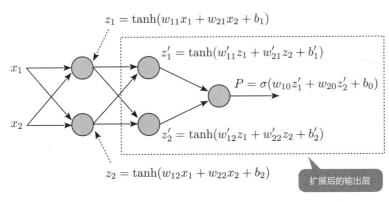

$$z_1 = \tanh(w_{11}x_1 + w_{21}x_2 + b_1)$$

$$z_1' = \tanh(w_{11}'z_1 + w_{21}'z_2 + b_1')$$

$$P = \sigma(w_{10}z_1' + w_{20}z_2' + b_0)$$

$$z_2' = \tanh(w_{12}'z_1 + w_{22}'z_2 + b_2')$$

$$z_2 = \tanh(w_{12}x_1 + w_{22}x_2 + b_2)$$

扩展后的输出层

图 3.17 扩展输出层后的神经网络

01

具体理由稍后再叙，这里我们先用 TensorFlow 的代码，实际确认一下运行后的结果。下面代码对应的 Notebook 为 "Chapter03/Double layer network example.ipynb"，内容与 3.1.2 节 "隐藏层的作用" 介绍过的代码 "Chapter03/Single layer network example.ipynb" 本质上是相同的，这里只修改了神经网络的构成部分代码。具体神经网络构成部分的代码如下所示。

[DNE-04]

```
 1:num_units1 = 2
 2:num_units2 = 2
 3:
 4:x = tf.placeholder(tf.float32,[None,2])
 5:
 6:w1 = tf.Variable(tf.truncated_normal([2,num_units1]))
 7:b1 = tf.Variable(tf.zeros([num_units1]))
 8:hidden1 = tf.nn.tanh(tf.matmul(x,w1)+ b1)
 9:
10:w2 = tf.Variable(tf.truncated_normal([num_units1,num_units2]))
```

```
11:b2 = tf.Variable(tf.zeros([num_units2]))
12:hidden2 = tf.nn.tanh(tf.matmul(hidden1,w2)+ b2)
13:
14:w0 = tf.Variable(tf.zeros([num_units2,1]))
15:b0 = tf.Variable(tf.zeros([1]))
16:p = tf.nn.sigmoid(tf.matmul(hidden2,w0)+ b0)
```

上述代码的第1行和第2行代码分别指定了隐藏层的第一层和第二层中节点的数量。往后依次定义了输入层x、第一层隐藏层hidden1、第二层隐藏层hidden2、输出层p。有兴趣的读者可以参考公式（3.8）～公式（3.12）的算式把它们用矩阵的形式写出来，还可以验证图3.17所示的输入值和输出值的运算过程。因为到这里为止的代码都是有一定规则可循的，所以继续增加隐藏层的数量也是很简单的事情。

02

还有一点要注意的就是，这里的代码并没有像［SNE-04］中使用乘以常数mult这种能加速运算速度的小技巧，而是调整了最开始的训练集数据，这样就不再需要这种加速运算的技巧了。具体生成训练集数据的部分代码如下所示。

[DNE-02]

```
 1:def generate_datablock(n, mu, var, t):
 2:    data = multivariate_normal(mu, np.eye(2)*var, n)
 3:    df = DataFrame(data, columns=['x1','x2'])
 4:    df['t'] = t
 5:    return df
 6:
 7:df0 = generate_datablock(30, [-7,-7], 18, 1)
 8:df1 = generate_datablock(30, [-7,7], 18, 0)
 9:df2 = generate_datablock(30, [7,-7], 18, 0)
10:df3 = generate_datablock(30, [7,7], 18, 1)
11:
12:df = pd.concat([df0, df1, df2, df3], ignore_index=True)
13:train_set = df.reindex(permutation(df.index)).reset_index(drop=
        True)
```

上述代码的第7～10行代码在围绕以$(-7,-7),(-7,7),(7,-7),(7,7)$为中心的4个区域中分别都设置了数据。这里所有数据的平均值差不多接近于0，这也就是为什么不需要前面所讲的技巧的原因[⑥]。当然，现实中的数据可能不一定能够达到这样的条件，那时就可以对整体数据全部加上一定的数值，使其平均值为0后再进行分类处理。这就是所谓的"数据前处理"的方法之一。除此以外，还经常会对整体数据乘以一个常数，以调整数据分散为1等处理。

然后，用Sigmoid激活函数定义输出层的p值，往后的处理内容与之前基本是相同的。在定义误差函数、训练集优化器算法、正确概率后，用训练集优化器算法对参数进行优化处理，最终可以得到如图3.18所示的结果。通过捕捉数据中所持有的特性，就可以得到正确的分类效果。虽然说这里的数据只是专门用来测试的，但是我们惊讶地发现这样的数据也是可以被正确分类的。那么，接下来我们就来考虑为什么这样做可以分类成功呢？

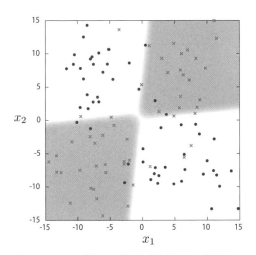

图3.18 两层神经网络的分类结果示意图

---

⑥ 当数据的平均值接近0时，在3.1.2节"隐藏层的作用"介绍的参考文献[1]中有具体说明不需要前面讲的小技巧的原因。

3.3.2　基于特征变量的分类逻辑

这里我们用稍微有点特殊的"逻辑门"视角来分析通过添加隐藏层是如何实现如图3.15所示的那样把数据正确分类的原因。首先，隐藏层的第一层的输出值，分别对应了平面(z_1, z_2)中的4个点，如图3.19所示。严格来说，在边界线附近的数据，除此以外还有别的，但是经过双曲正切激活函数的处理，结果值就会从$-1\sim1$急剧发生变化，大部分(z_1, z_2)的数据值会在这4个点的周围聚集。

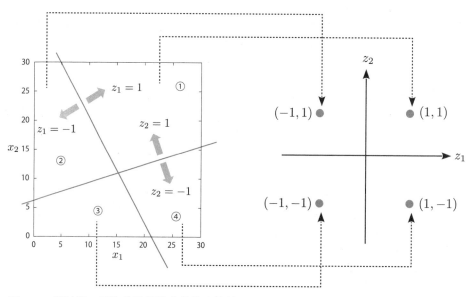

图3.19　通过第一层隐藏层后输出值的变换结果

然后，我们用逻辑运算来表示这4个点是怎样被直线分类的。例如，图3.20的左上角将数据分为了z_1和z_2两侧分别都为1和都不为1的两种类别，可以看作是对z_1和z_2进行"AND运算"。一般情况下是使用0和1进行逻辑运算，其实这里可以看作是用-1代替了0。图中的上划线是表示"否定（NOT）"的符号。那么同样，图3.20的右上角用直线把平面分为了z_1和z_2至少一个为1和两个都不为1两种类别，这可以看作是对z_1和z_2进行"OR运算"。

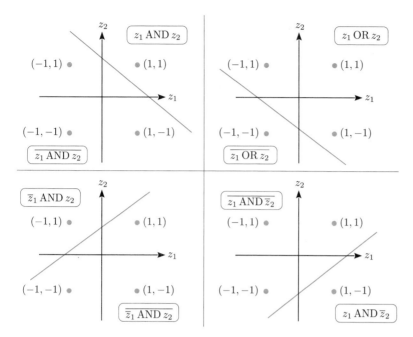

图3.20　平面分类与逻辑运算的对应关系

　　在节点中把一次函数代入激活函数后，一般具有用直线把输入数据直接分类的特点，用二进制读取输入数据时，其实相当于对数据进行逐个逻辑运算。如图 3.20 下面两个示意图所示，虽然不是单纯的逻辑运算，但是其中一个节点至少包含了 AND 运算（z_1 AND z_2 或者 $\overline{z_1 \text{ AND } z_2}$）以及 OR 运算（$z_1$ OR z_2 或者 $\overline{z_1 \text{ OR } z_2}$）。

　　更加准确地说，在图 3.20 左上角所示的例子中，边界线右上角的激活函数结果值为 1 时就相当于进行了 z_1 AND z_2 的逻辑运算。图 3.20 的右上角的 OR 运算也是一样的。

　　如图 3.16 右侧所示的情况，也就是在不可被直线分类的情况时该用什么样的逻辑运算来与其对应呢？这里我们会尝试把 z_1 和 z_2 分为值相同和值不同两种类别，用逻辑运算来表示就相当于 XOR 运算。我们把逻辑运算的法则整理了一下，具体可参考表 3.2。

表3.2 逻辑运算的法则

AND运算

1 AND 1	1
1 AND 0	0
0 AND 1	0
0 AND 0	0

$\overline{1}$ AND $\overline{1}$	0
$\overline{1}$ AND $\overline{0}$	1
$\overline{0}$ AND $\overline{1}$	1
$\overline{0}$ AND $\overline{0}$	1

OR运算

1 OR 1	1
1 OR 0	1
0 OR 1	1
0 OR 0	0

$\overline{1}$ OR $\overline{1}$	0
$\overline{1}$ OR $\overline{0}$	0
$\overline{0}$ OR $\overline{1}$	0
$\overline{0}$ OR $\overline{0}$	1

XOR运算

1 XOR 1	0
1 XOR 0	1
0 XOR 1	1
0 XOR 0	0

看到这个运算法则，是不是有种似曾相识的感觉呢？如果把 AND 运算和 OR 运算拿出三个组合在一起，就可以组成一个 XOR 运算。这其实正好就是图 3.17 "扩展输出层后的神经网络" 所显示的运算内容。通过调整三个节点的参数，使其变成如图 3.21 所示的逻辑运算，就可以像图 3.16 右侧所示的那样能够被正确分类。运用表 3.2 中的法则，再结合图 3.21 的回路进行逻辑运算，就相当于进行一个 XOR 运算。

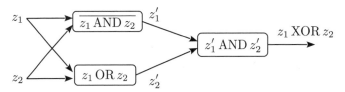

图3.21 AND 运算和 OR 运算构成 XOR 运算的方法

通过以上的分析，我们再来看两层神经网络的构成和功能，这时我们就能够理解图 3.22 中所显示的内容了。在第一层隐藏层中，平面 (x_1, x_2) 分为 4 个区域，4 个区域中分别分布了 $(z_1, z_2) = (-1, -1)$、$(-1, 1)$、$(1, -1)$、$(1, 1)$ 共 4 种数据。原

本的输入数据是以 (x_1, x_2) 两个实数来表示的，经过抽取 $t = 0$、1 这样的特征变量后，就可以变为 ± 1，用这两个值就可以表示 (z_1, z_2) 了。

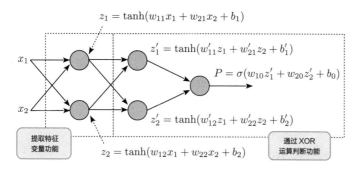

$$z_1 = \tanh(w_{11}x_1 + w_{21}x_2 + b_1)$$

$$z_1' = \tanh(w_{11}'z_1 + w_{21}'z_2 + b_1')$$

$$P = \sigma(w_{10}z_1' + w_{20}z_2' + b_0)$$

提取特征变量功能

通过 XOR 运算判断功能

$$z_2 = \tanh(w_{12}x_1 + w_{22}x_2 + b_2)$$

$$z_2' = \tanh(w_{12}'z_1 + w_{22}'z_2 + b_2')$$

图 3.22 两层神经网络的功能分解

像这样，在对数据进行分类时抽取出必要的"特征"，就是第一层隐藏层的任务。用来定义从原始输入数据中抽出的用于分类的特征变量就称为"特征变量"。第二层隐藏层基于抽出的特征，进行 $t = 0$、1 的判断。像这样"抽出特征"+"基于特征分类"可以说就是多层神经网络的本质。

到这里我们重新来看第 1 章中的图 1.2。在这个神经网络中，进行"基于特征的分类"，就是最后结合层和 Softmax 函数组合起来的那一部分。对应刚才的例子，也就是"扩展输出层"的那一部分。如果这样看，在这之前的卷积核和池化层的作用也就可以很容易理解了。对于输入层中输入的图片数据，抽取出其特征，然后把特征变量作为全结合层的输入数据，这就是它的作用（见图 3.23）。

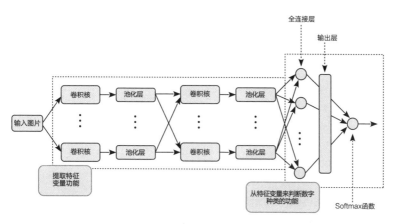

全连接层

输出层

输入图片

卷积核　池化层　卷积核　池化层

卷积核　池化层　卷积核　池化层

提取特征变量功能

从特征变量来判断数字种类的功能

Softmax 函数

图 3.23 手写数字分类 CNN 的功能分解示意图

为了说明图 3.18，我们用了一个很简单的例子，用含有两个节点的隐藏层就把特征给提取出来了，但是如果是 MNIST 数据集中的手写数字作为输入数据，还是远远不够的。要能够抽取出足够分类手写数字图片的特征，还需要专门用于处理图片数据的算法。卷积核和池化层正是为了实现抽取而加入的。从第4章开始，我们就一起来讲解这个具体构成，一起来看如何抽取手写数字图片的特征。

3.3.3　补充：参数向极小值收敛的例子

在进入第4章之前，对于误差函数的极小值我们稍微补充说明一点。在 2.3.4 节"小批量梯度下降法和概率梯度下降法"的图 2.25 中，我们介绍了误差函数同时具有最小值和极小值的例子。图 3.18 恰好与这个例子存在的问题一样。

实际上，在 Notebook 文件"Chapter03/Double layer network example.ipynb"所写的代码中，已经设定了能够达到最优分类，或者说可以让误差函数达到最小值的学习率。如果我们这个时候把学习率设得小一点再执行，参数就会向误差函数的极小值处收敛，并最后不再变化，最终会得到如图 3.24 所示的结果。

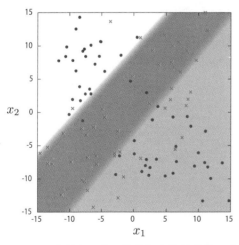

图3.24　参数向误差函数的极小值处收敛示意图

与图 3.18 的结果进行比较，正确率更低，而且误差函数的值也比较大，即

138

使重复多次修改参数，这个状态也不会发生好转。如果即使这样也希望让图3.24的状态变成图3.18那样，可以尝试把正确率调到稍微低一点的状态，这是因为我们希望通过误差函数值较大的区域。学习率大幅增加，就可能会跳过这个状态，直接到误差函数较小的状态，即直接跳到最小值的地方也是有可能的。但是在这个例子中，因为学习率比较小，所以并没有从极小值的谷底中跳出来。

　　还有一点需要注意的是，在这个例子中我们对所有数据所持有的参数都进行了修改。具体的部分代码如下。

[DNE-07]
```
1:i = 0
2:for _ in range(2000):
3:    i += 1
4:    sess.run(train_step, feed_dict={x:train_x, t:train_t})
5:    if i % 100 == 0:
6:        loss_val, acc_val = sess.run(
7:            [loss, accuracy], feed_dict={x:train_x, t:train_t})
8:        print ('Step: %d, Loss: %f, Accuracy: %f'
9:                % (i, loss_val, acc_val))
```

　　上述代码的第4行对训练集优化器算法train_step进行参数优化时，参数feed_dict中设置了所有数据为对象。

　　我们在2.3.4节"小批量梯度下降法和概率梯度下降法"中讲过，如果只对训练集中的一部分数据调整参数对象，并使用概率梯度下降法，是有可能从极小值的谷底跳出来的。但因为是有概率地移动，所以有可能会在极小值周围移动一段时间后，再突然转向最小值的地方移动。

　　特别是在用到的神经网络比较复杂的时候，用TensorBoard观察误差函数的变化过程，可以看到如图3.25那样，误差函数的值会呈阶段性的变化。这正好表现了在围绕极小值周围变化过后，突然转向最小值的方向开始移动的过程。如果极小值有多个，则误差函数的值也可能会分多个阶段进行变化。

　　特别是在真实环境的深度学习中，优化处理的时间可能会持续几小时甚至几天，有时可能就会有误差函数值突然大范围减小的情况。寻找和找到优化处理的时间点，我们能够想象出是非常困难的。

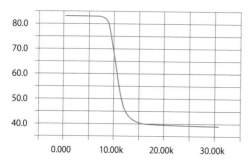

損失率

图3.25 误差函数值突然减小的例子

支撑TensorFlow的硬件设备

在本章中，我们尝试通过"逻辑运算"的视角来解读神经网络的构成。就像我们讲到的，单独看神经网络的一个一个节点的构成，其实并没有什么很复杂，都是通过一次函数和激活函数组合后形成的非常简单的构造，这也是对于用TensorFlow作为机器学习工具，利用GPU能够使计算速度大幅提升的原因所在。

GPU（Graphics Processing Unit），与它的名字一样，是用来针对数字图片处理进行演算的处理器，因为图片是由很多像素构成的，所以可以通过并列进行相对简单的运算来提高整体运算速度。基本想法就是代替对图片数据直接处理，用GPU对构成神经网络的多个节点进行运算，从而提高整体的运算速度。

2016年5月，美国谷歌公司发布了取代一般使用的GPU，而使用通过自主设计开发的运算设备，并在公司内部开始使用。它就是专门为了TensorFlow而开发的TPU（Tensor Processing UnitX）。右图就是与围棋世界冠军对战时所用的搭载了TPU的集群，侧面贴的就是整个棋盘的构成图。

第4章

卷积核提取图片特征

上一章详细讲解了用多层神经网络实现的"提取特征变量"+"基于特征变量的分类"。从这一章开始，我们正式进入本书的主要内容，CNN的讲解部分，如图4.1所示。通过卷积核和池化层的组合，可以实现提取手写数字的特征变量。

在本章中，我们以"∣""－""＋"3种符号为简化示例，来具体了解卷积核以及池化层的作用。然后把提取出的特征转换为特征变量，并用实际代码来实现图片分类。

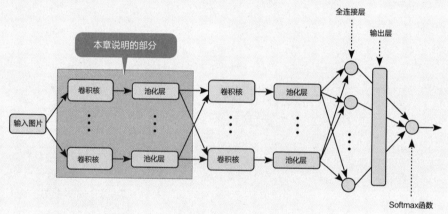

图4.1　CNN的整体示意图与本章说明的部分

4.1 卷积核的功能

1.1.3节"深度学习的特点"介绍过卷积核是在Photoshop等图片处理软件中经常会用到的功能,它并不是专门为了深度学习而开发出来的。本节以图片模糊滤镜和图片边缘提取滤镜为例,详细讲解卷积核的功能。

4.1.1 卷积核示例

首先我们以实现图片模糊滤镜为简单示例。把一张图片中每个像素点的颜色和周围像素点的颜色混合,然后求出平均颜色,并用这个平均颜色把原来的像素点颜色替换掉就可以实现了。

假设有一张灰度图,它是一幅拥有3×3大小像素的图片,如图4.2所示每个像素的值表示每个点的灰度,把它们全部都加起来替换正中间的像素值。如图4.2左侧的例子中,中心点像素与周围点像素的值大致是相同的,右侧的例子中,中间点的像素值比周围要稍微大一些。这里左边的"模糊效果"会更强一些。但是请注意,这里的两个例子中所有灰度值的和都大致等于1。当合计大于1时,图片的颜色可能会被加深。

0.11	0.11	0.11
0.11	0.12	0.12
0.11	0.11	0.11

0.05	0.05	0.05
0.05	0.60	0.05
0.05	0.05	0.05

图4.2 图片模糊滤镜示例

图4.3就是对左侧示例图片应用卷积核的用例。由图可见，对中间的灰度值为140的像素点，包括周围像素点，用与之相对应的卷积核权重浓度值相乘再相加，最后的计算结果进行四舍五入。在这个例子中可能模糊效果并没有那么好，但是如果把卷积核的值调大，就能把更广范围的像素值混合起来进行运算，这样得到的模糊效果会更好。

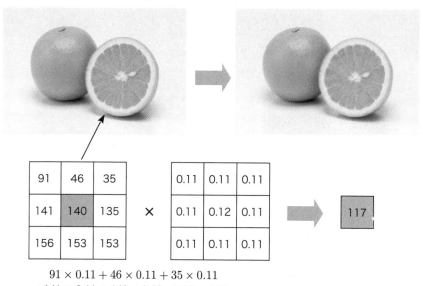

$$91 \times 0.11 + 46 \times 0.11 + 35 \times 0.11$$
$$+141 \times 0.11 + 140 \times 0.12 + 135 \times 0.11$$
$$+156 \times 0.11 + 153 \times 0.11 + 153 \times 0.11 = 116.9$$

图4.3　卷积核应用例

其实，这些就已经是卷积核的所有知识点了。可能比想象中要简单得多吧，修改卷积核权重的值，可以得到很多非常有意思的图片效果。例如，在图4.4所示的滤镜效果中，因为卷积核权重值有负数，所以对所有像素点相乘再求和运算时，应该要先求绝对值然后再进行计算。

认真思考后，会发现这个卷积核其实有可以去掉水平边缘线的效果。因为在水平方向相同颜色持续的部分，通过左右值相加再相减，结果为0。而垂直方向边缘线的部分，左右值并没有相互抵消而被保留下来了。也就是说，这个卷积核可以把垂直边缘线的部分抽取出来。

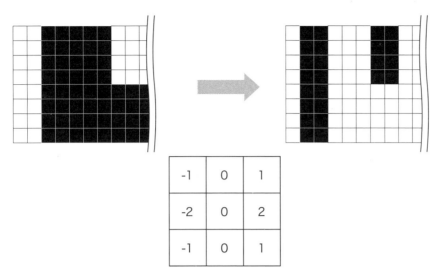

图4.4 用于垂直边缘抽取的卷积核

如果把卷积核的大小扩大至5×5，这样就可以使保留的边缘线部分宽度大一点，如图4.5所示。在实际使用时，只把正数的部分或者负数的部分求和使其为1，然后整体除以23.0，就可以把卷积核反转90°，把垂直边缘线去掉，只提取出水平边缘线的部分。

2	1	0	-1	-2		2	3	4	3	2
3	2	0	-2	-3		1	2	3	2	1
4	3	0	-3	-4		0	0	0	0	0
3	2	0	-2	-3		-1	-2	-3	-2	-1
2	1	0	-1	-2		-2	-3	-4	-3	-2

※实际使用中把每个元素的值除以 23.0 后再使用

图4.5 抽取垂直和水平相对较宽的边缘线卷积核

在 TensorFlow 中，默认已经有像这样的卷积核，而且还有适用于图片数据的函数。在本书中，我们主要针对灰度图片来操作。当然，如果是由 RGB 三层组成的彩色图片，也是同样适用的。

4.1.2 在 TensorFlow 中运用卷积核

接下来，我们用 TensorFlow 代码来对实际的图片数据进行图 4.5 所示的卷积核运算。这里为了能够使垂直和水平的边缘线抽取效果更加明显，笔者事先准备好了如图 4.6 所示的图片数据。图片数据的格式与 MNIST 数据集中的手写数字图片基本是相同的，都是 28 像素×28 像素的灰度图。因为是我们自己准备的类 MNIST 数据集，所以暂时起个名字叫作 ORENIST。每个像素点的浓度值用 0～1 的浮点小数表示。

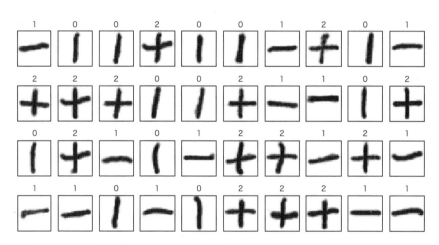

图 4.6　ORENIST 数据集的部分图片数据

01

使用 Notebook 文件 "Chapter04/ORENIST filter example.ipynb"，确认具体数据内容，然后对其应用卷积核。首先，导入必需的一些模块，这里使用 cPickle 模块来读取图片数据。

```
1:import tensorflow as tf
2:import numpy as np
3:import matplotlib.pyplot as plt
4:import cPickle as pickle
```

02

在 Notebook 文件的相同目录中，放了图片数据"ORENIST.data"。使用 cPickle 模块，导入图片数据。

[OFE-02]

```
1:with open('ORENIST.data','rb')as file:
2:    images,labels = pickle.load(file)
```

变量 images 和变量 labels 分别用来保存图片数据和表示图片种类的标签数据的列表。图片数据是由 $28 \times 28 = 784$ 个像素的灰度值排列而成的一维列表（NumPy 的 array 对象）。对应的标签数据用 1-of-K 向量（三个元素中只有一个为"1"）来表示"｜""－""＋"3种符号。一共有90张图片数据。

03

接下来，作为示例把其中的一部分数据图片显示出来。

[OFE-03]

```
1:fig = plt.figure(figsize=(10,5))
2:for i in range(40):
3:    subplot = fig.add_subplot(4, 10, i+1)
4:    subplot.set_xticks([])
5:    subplot.set_yticks([])
6:    subplot.set_title('%d' % np.argmax(labels[i]))
7:    subplot.imshow(images[i].reshape(28,28), vmin=0, vmax=1,
8:                   cmap=plt.cm.gray_r, interpolation='nearest')
```

执行上述代码后，就会显示出图4.6所示的图片数据。这里显示了最开始的40张图片，每张图片的标题部分显示的是该图片的标签值。

　　然后我们对图片应用滤镜提取图片边缘，在 TensorFlow 中，有专门用来对图片数据应用卷积核的函数 tf. nn.conv2d，我们就用它来执行抽取。因为要把卷积核的信息保存在多维列表中，所以我们先整理需要使用到的列表大小。

　　如果是一般的彩色图片，一张图片数据中会分为 RGB 三个颜色图层。而且可以分别针对每个图层应用不同的卷积核，所以如果对一张图片应用两种类别的卷积核，对于整体数据来说就需要准备 $3 \times 2 = 6$ 种卷积核。而且，如果一个卷积核的大小为 5×5，只是存储全部卷积核的信息就需要使用 $5 \times 5 \times 3 \times 2$ 这么大的多维列表。

　　一般来说，列表的大小应该是"卷积核大小（垂直 × 水平）× 输入图层数 × 输出图层数"。最后的乘数是输出图层数而不是卷积核种类数是有原因的。例如，对一张彩色图片应用两种类别的卷积核（卷积核 A 和卷积核 B）进行如图 4.7 所示的处理。虽然卷积核 A 和卷积核 B 分别有三种类别的卷积核与三个图层分别对应，但是最终的输出图片是把处理后的各图层结果合并后再输出的。这里所指的合并，只是简单地把各像素的灰度值进行简单求和。每个卷积核处理后的输出图片并不会分成 RGB 这三个图层。

　　一般的图片处理，在对彩色图片进行滤镜处理后，肯定还是希望能够得到彩色图片的。如果是这种需求，可以准备三个种类的卷积核，然后可以想办法把每层的输出结果转换为图片的 RGB 三图层。但是，对于 CNN 来说，我们的目的是提取图片中的"特征"，所以输出的结果图片并非一定要是彩色图片。

　　而且对于现在我们使用的只有一个图层的灰度图来说，根本不用考虑那么复杂。如图 4.8 所示，输入图层数为 1，输出图层数为 2，这样只要准备一个 $5 \times 5 \times 1 \times 2$ 大小的多维列表，就可以把卷积核的信息全部存储起来。

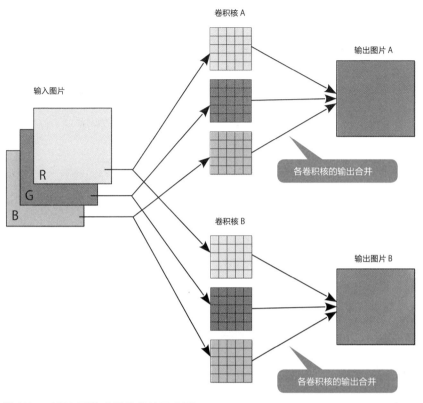

图4.7 对彩色图片应用卷积核示意图

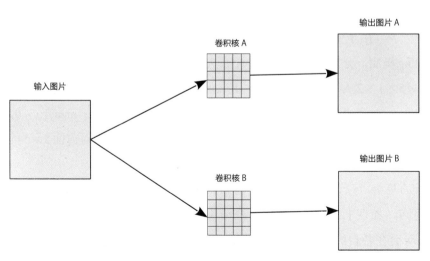

图4.8 对灰度图应用卷积核示意图

实际代码中，可以定义如下函数来保存图4.5所示的卷积核信息。

[OFE-04]

```
 1:def edge_filter():
 2:    filter0 = np.array(
 3:           [[ 2, 1, 0,-1,-2],
 4:            [ 3, 2, 0,-2,-3],
 5:            [ 4, 3, 0,-3,-4],
 6:            [ 3, 2, 0,-2,-3],
 7:            [ 2, 1, 0,-1,-2]]) / 23.0
 8:    filter1 = np.array(
 9:           [[ 2, 3, 4, 3, 2],
10:            [ 1, 2, 3, 2, 1],
11:            [ 0, 0, 0, 0, 0],
12:            [-1,-2,-3,-2,-1],
13:            [-2,-3,-4,-3,-2]]) / 23.0
14:
15:    filter_array = np.zeros([5,5,1,2])
16:    filter_array[:,:,0,0] = filter0
17:    filter_array[:,:,0,1] = filter1
18:
19:    return tf.constant(filter_array, dtype=tf.float32)
```

在上述代码的第2～13行中，首先用NumPy的array对象定义了5×5大小的两个列表，用于保存图4.5所示的卷积核信息。整体除以23.0时，会应用Broadcasting机制，分别对每个元素进行除法运算。然后，第15～17行代码中，定义了5×5×1×2大小的多维列表，用来保存卷积核的信息。np.zeros是对指定大小的array对象中的所有元素默认赋值为0的函数。定义filter_array[:,:,0,0]和filter_array[:,:,0,1]是为了指定后面的1×2部分的索引，而对前面5×5的部分进行赋值操作。

最后的第19行代码，把定义好的多维列表转换为TensorFlow的常数对象并返回。如在1.3.3节"通过Session执行训练"图1.25所显示的那样，TensorFlow会在各自的Session中对Placeholder中保存的数据进行计算。此时，Session中所使用的值全部都定义为以"tf."开头的TensorFlow对象，如果用到常数值，与此例中一样，要事先定义为常数对象。

接下来，我们来实现刚才介绍过的用函数tf.nn.conv2d来定义卷积核处理。虽然在这里我们不进行训练集优化器算法中的参数优化处理，但是应用卷积核的计算也需要在Session内进行。与之前一样，我们需要先定义保存数据用的Placeholder。

[OFE-05]

```
 1:x = tf.placeholder(tf.float32, [None, 784])
 2:x_image = tf.reshape(x, [-1,28,28,1])
 3:
 4:W_conv = edge_filter()
 5:h_conv = tf.abs(tf.nn.conv2d(x_image, W_conv,
 6:                          strides=[1,1,1,1],padding='SAME'))
 7:h_conv_cutoff = tf.nn.relu(h_conv-0.2)
 8:
 9:h_pool =tf.nn.max_pool(h_conv_cutoff, ksize=[1,2,2,1],
10:                     strides=[1,2,2,1], padding='SAME')
```

上述代码的第1～2行，定义了用来保存28×28=784个像素图片数据的Placeholder，然后转换形式以能用于代入tf.nn.conv2d函数进行计算。因为tf.nn.conv2d可以同时处理多个图片数据，所以一般代入数据会定义为"图片张数×图片大小（垂直×水平）×图层数"。在本例中，第5行代码中的第一个参数x_image作为输入数据。本例中提供的图片大小为28×28，图层数只有一层。图片张数是由Placeholder中保存数据量来决定的。第2行代码中的函数tf.reshape的参数指定为转换后的多维列表大小[-1,28,28,1]，第一个"-1"是指Placeholder中保存的数据量，这里也就意味着数据量可以自由地调整大小。

第4～6行代码调用刚才定义的edge_filter函数，在取得保存有卷积核信息的常数对象后，就可以用tf.nn.conv2d函数对输入数据x-image应用卷积核W_conv。在提取边缘的计算中，因为结果有可能为负数，所以这里计算时一定要取绝对值，在本例中我们通过调用函数tf.abs来取绝对值。

然后我们对tf.nn.conv2d函数的选项再稍微补充说明一下。strides选项可以在输入图片非常大的情况时，通过固定间隔提取像素的计算方法，以达到减小图片大小的目的。在本例中，strides选项值指定为$[1, 1, 1, 1]$，就意味着会对所有像素进行计算。如果一般情况下，strides选项值指定为$[1, dy, dx, 1]$，就意味着会沿着垂直方向每隔dy个像素、水平方向每隔dx个像素进行提取[①]。

padding选项用来指定对图片边缘部分应用卷积核运算时的计算方法。在应用卷积核运算时，需要用到以计算对象像素为中心的周围像素值，但是如果是图片的边缘部分，卷积核运算后图片会出现边缘不清甚至周围像素消失的现象。在本例中padding选项值指定为SAME的情况下，对于不存在的那部分像素，就会以0来替代计算。如果将padding选项值指定为VALID，则卷积核计算过程中边缘部分就不会进行计算，这样，输出的结果图像的边缘部分会被切掉，使得大小会变小。

后面的第7行代码，是为了使卷积核运算后效果更加明显更加易于理解而追加的处理。例如，在3.1.1节"使用单层神经网络的二元分类器"的图3.3中，tf.nn.relu（ReLU）会把负数值置换为0，减去0.2再代入ReLU的作用是为了把比0.2小的值强制置换为0，目的就是为了把卷积核运算中灰度小于0.2的地方的灰度值全部强制置换为0。

第9～10行代码，是在应用卷积核运算后的结果的基础上再添加池化层处理的代码。有关池化层的知识，我们会在4.1.3节"通过池化层缩小图片"中进行详细介绍，这里可以先略过不用细究。

- -

07

接下来新建Session，对［OFE-02］中准备好的图片数据实际进行卷积核运算。新建Session和初始化Variable的代码部分，与之前都是一样的。

[OFE-06]

```
1:sess = tf.InteractiveSession()
2:sess.run(tf.initialize_all_variables())
```

[①] 刚才我们介绍过，输入数据的结构是以"图片张数×图片大小（垂直×水平）×图层数"为大小的多维列表。*strides*选项就是在多维列表作为处理对象的像素逐个进行运算时，指定沿着各维度方向跳跃的步伐大小。因此，在最开始和最末要结束的值计算时，必须指定为1。

接下来，为了评价Session中的计算值，我们需要取出刚才应用卷积核后的结果。

[OFE-07]

```
1:filter_vals,conv_vals = sess.run([W_conv,h_conv_cutoff],
2:                                 feed_dict={x:images[:9]})
```

上述代码把刚才定义好的images变量中的前9个图片数据放到Placeholder中，然后用准备好的W_conv和h_conv_cutoff来进行评价。W_conv是定义了包含卷积核信息的常数对象，所以会直接返回［OFE-04］中事先定义好的array对象。h_conv_cutoff是在［OFE-05］中的第7行代码定义的，在应用卷积核后，像素值在0.2以下的点会全部变为0[②]。

09

最后，把得到的结果用图形显示出来。

[OFE-08]

```
 1:fig = plt.figure(figsize=(10,3))
 2:
 3:for i in range(2):
 4:    subplot = fig.add_subplot(3, 10, 10*(i+1)+1)
 5:    subplot.set_xticks([])
 6:    subplot.set_yticks([])
 7:    subplot.imshow(filter_vals[:,:,0,i],
 8:                   cmap=plt.cm.gray_r, interpolation='nearest')
 9:
10:v_max = np.max(conv_vals)
11:
12:for i in range(9):
13:    subplot = fig.add_subplot(3, 10, i+2)
14:    subplot.set_xticks([])
15:    subplot.set_yticks([])
16:    subplot.set_title('%d' % np.argmax(labels[i]))
```

② 严格来说，整个图片的像素值减掉0.2，成为负值的部分也会变为0。

```
17:    subplot.imshow(images[i].reshape((28,28)), vmin=0, vmax=1,
18:                   cmap=plt.cm.gray_r, interpolation='nearest')
19:
20:    subplot = fig.add_subplot(3, 10, 10+i+2)
21:    subplot.set_xticks([])
22:    subplot.set_yticks([])
23:    subplot.imshow(conv_vals[i,:,:,0], vmin=0, vmax=v_max,
24:                   cmap=plt.cm.gray_r, interpolation='nearest')
25:
26:    subplot = fig.add_subplot(3, 10, 20+i+2)
27:    subplot.set_xticks([])
28:    subplot.set_yticks([])
29:    subplot.imshow(conv_vals[i,:,:,1], vmin=0, vmax=v_max,
30:                   cmap=plt.cm.gray_r, interpolation='nearest')
```

　　上述代码看上去有点冗长，但其实基本上都是为了显示图片的处理。首先，在第3~8代码中，显示了两种卷积核的图片。第7行代码，注意这里与［OFE-04］中的第16~17行代码的写法是一样的，可以取出卷积核中的部分数据。第12~30行代码，显示了原始图片和分别应用两种卷积核后的结果图片。因为对h_conv_cutoff评价的结果值会放在变量conv_vals中，格式为"图片张数×图片大小（垂直×水平）×输出层数"的array对象。所以，在第23行和第29行代码中，通过指定conv_vals[i,:,:,0]和conv_vals[i,:,:,1]，可以分别得到对第i张图片应用两种卷积核后的结果。

　　在对图片数据应用卷积核后，各个像素的值有可能会超过1。所以在第10行代码中，取出所有图片中最大的像素值v_max。而在第23行和第29行代码中，通过指定v_max值选项，就可以调整图片显示的颜色深浅。

　　图4.9就是上述代码实际执行后的结果。左边是两种卷积核图形化后的效果，右边分别显示了对9种图片分别应用卷积核后的效果。可以看出，上面的卷积核，把水平方向的直线消去，而对垂直方向的直线仅仅抽取出了两侧的边缘部分，但是水平方向的直线，两侧的边缘部分也没有消失而是保存了下来。下面的卷积核处理，垂直方向和水平方向的处理相反，可以得到相同的处理效果。

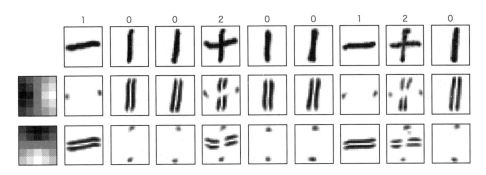

图 4.9 应用卷积核后的结果

在本例中用到的ORENIST数据集，可以简单理解为只有垂直线和水平线并且非常容易进行分类的数据集。对其分别应用两种卷积核，可以把各自图片中的特征分离出来。例如，如果上面的卷积核输出结果中有内容，而下面的卷积核的输出如果与白纸状态一样，这张图片就可以归类为"|"；如果上下两个都有输出内容，则可以被归类为"＋"。

4.1.3 通过池化层缩小图片

与我们刚才讲到过的一样，在本次我们使用的ORENIST数据集中，判断图片种类的重要依据，是应用卷积核后的输出结果是否接近于白纸状态，而输出结果的详细内容其实是毫无关联的。这里的输出结果也并不会直接用于分类，而是通过把图片的分辨率降低，把具体信息全部消去后再用来分类。这部分处理就是"池化层"的职责所在。

在刚才的［OFE-05］中，关于第9～10行代码中用到的函数tf.nn.max_pool我们并没有详细介绍，它会把多个像素合并为一个像素，它的具体处理内容如图4.10所示。具体来说，把通过卷积核处理后输出的28×28像素的图片分割为多个2×2像素的小块，然后把每个像素块用一个像素块再替换掉。其处理后的结果，就可以把图片最终转换为14×14像素的图片。在进行像素替换操作时，会采用块内4个像素值中的最大值。

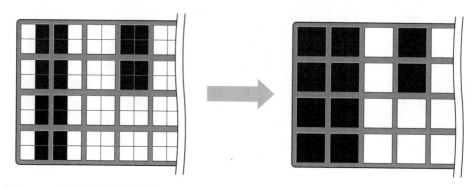

图4.10 通过池化层缩小图片处理

一般情况下，tf.nn.max_pool 函数会通过 ksize 选项指定块大小，通过 strides 选项指定移动的间隔，并用块内最大的像素值进行替换。每个选项都是以 [1，dy, dx, 1] 的形式来指定垂直方向（dy）和水平方向（dx）的值。tf.nn.max_pool 是用块内最大的像素值来替换，相对应地，也可以通过 tf. nn.avg_pool 等方法来用平均值替换。

01

接下来我们用刚才定义的 Session 取出池化层处理后的结果。

[OFE-09]

```
1:pool_vals = sess.run(h_pool,feed_dict={x:images[:9]})
```

在变量 pool_vals 中，保存了形式为"图片张数 × 图片大小（垂直 × 水平）× 输出层数"的 array 对象。除了会把图片大小缩小为 14×14 像素之外，pool_vals 的构造与 conv_vals 是相同的，所以显示出的图片与 [OFE-08] 的输出结果也可能是相同的。把 [OFE-08] 的第 10、23、29 行代码中的 conv_vals 改为 pool_vals 后的代码如下所示。

```
10:v_max = np.max(pool_vals)
23:      subplot.imshow(pool_vals[i,:,:,0],vmin=0,vmax=v_max,
24:                  cmap=plt.cm.gray_r,interpolation='nearest')
29:      subplot.imshow(pool_vals[i,:,:,1],vmin=0,vmax=v_max,
30:                  cmap=plt.cm.gray_r,interpolation='nearest')
```

02

　　执行上述代码后可以得到如图4.11所示的输出结果。与图4.9相比较，图4.11的分辨率有所下降，由此也可以得到更加纯粹的结果。接下来，我们基于这个结果来用代码实现图片的分类处理。

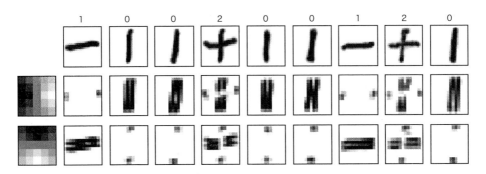

图4.11　应用卷积核和池化层后的结果

4.2 应用卷积核进行图片分类

本节将用TensorFlow代码实现应用卷积核和池化层来进行图片的分类处理。在上一节的例子中，对图片数据应用了用于抽取"垂直线"和"水平线"的卷积核。首先，我们就要这种静态的卷积核来进行分类处理。在这之后我们会把卷积核的构造代码修改为动态的以便于学习。

4.2.1 应用特征变量进行图片分类

我们再来看图4.11中的图片数据。通过应用卷积核，把原来图片数据中的"垂直线"和"水平线"全部抽取了出来。通过添加池化层把分辨率降低后，就可以确认每个图片的具体特征了。

在此输出结果的基础上，对图片进行分类，有什么办法呢？首先，我们回顾3.3.2节"基于特征变量的分类逻辑"的图3.19中的内容，可能会从中得到一些启示。在图3.19中，一组实数变量通过隐藏层节点的处理后，转换为了具有某些数据特性的二进制变量(z_1, z_2)。

现在我们只需要捕捉到"垂直线"和"水平线"两个种类的特征就可以了，所以通过拥有两个节点的隐藏层，识别出"垂直线"和"水平线"，然后再转换成两个二进制变量(z_1, z_2)是不是就可以了？只要转换成了二进制变量，那么最后通过Softmax函数就可以进行三种分类，实现起来也没有什么难度。

把这个思路应用到神经网络上，可以得到如图4.12所示的示意图。从池化层输出后有两种类别的14像素×14像素的图片，把它们以$14 \times 14 \times 2 = 392$个实数值来计算，输入到全连接层中的每个节点中，这样就把所有像素的数据全部结合到一个节点中，这可以看作是"全连接层"名称的出处。

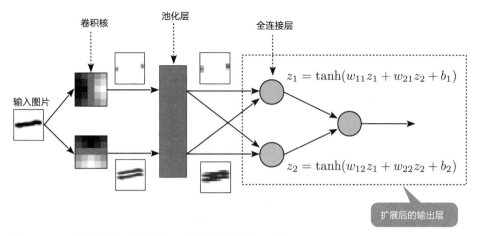

图4.12 把图片数据转换为特征变量的神经网络示意图

把此图与3.3.1节"多层神经网络的效果"中的图3.17相比较,全结合层往后的部分正好对应"扩展后的输出层"的部分。图3.17的前半部分输出的二进制变量是(z_1, z_2),而这里与之不同,输出的就是从原始图片中抽取出的"特征部分图片数据"。通过全连接层,把"垂直线"和"水平线"这两种特征转换为二进制变量来表示。如果抽取后图片显示顺利的话,z_1和z_2就分别表示垂直线或水平线存在的二进制数值。所以,这里我们把z_1和z_2称之为"特征变量"。

01

接下来我们就用实际的TensorFlow代码来验证图4.12中的神经网络是否能够按照预想运行。下面代码对应的Notebook为"Chapter04/ORENIST classification example.ipynb"。首先,还是先导入必需的模块,然后设定随机数种子。

[OCE-01]

```
1:import tensorflow as tf
2:import numpy as np
3:import matplotlib.pyplot as plt
4:import cPickle as pickle
5:
6:np.random.seed(20160703)
7:tf.set_random_seed(20160703)
```

读取图片数据文件。

[OCE-02]

```
1:with open('ORENIST.data','rb')as file:
2:    images,labels = pickle.load(file)
```

定义用来表示卷积核信息的函数edge_filter，此函数与代码［OFE-04］中的内容一样。

[OCE-03]

```
1:def edge_filter():
…省略…
```

定义图4.12前半部分中的神经网络，这部分代码与［OFE-05］中的一样，把输入数据定义为Placeholder x，应用卷积核和池化层后的结果保存至变量h_pool。

[OCE-04]

```
 1:x = tf.placeholder(tf.float32,[None,784])
 2:x_image = tf.reshape(x,[-1,28,28,1])
 3:
 4:W_conv = edge_filter()
 5:h_conv = tf.abs(tf.nn.conv2d(x_image,W_conv,
 6:                         strides=[1,1,1,1],padding='SAME'))
 7:h_conv_cutoff = tf.nn.relu(h_conv-0.2)
 8:
 9:h_pool =tf.nn.max_pool(h_conv_cutoff,ksize=[1,2,2,1],
10:                     strides=[1,2,2,1],padding='SAME')
```

将通过池化层的输出值输入拥有两个节点的全连接层，再通过Softmax函数处理后就可以分类为三种数据了。

[OCE-05]

```
 1:h_pool_flat = tf.reshape(h_pool, [-1, 392])
 2:
 3:num_units1 = 392
 4:num_units2 = 2
 5:
 6:w2 = tf.Variable(tf.truncated_normal([num_units1, num_units2]))
 7:b2 = tf.Variable(tf.zeros([num_units2]))
 8:hidden2 = tf.nn.tanh(tf.matmul(h_pool_flat, w2) + b2)
 9:
10:w0 = tf.Variable(tf.zeros([num_units2, 3]))
11:b0 = tf.Variable(tf.zeros([3]))
12:p = tf.nn.softmax(tf.matmul(hidden2, w0) + b0)
```

刚才我们提到过，把池化层输出的两种14像素×14像素的图片数据转换为14×14×2=392个实数值，并作为全连接层节点的输入数据。因此，在第1行代码中，把h_pool转换为由392个像素值组成的一维列表。第6～8行与3.3节"扩展为多层神经网络"中［DNE-04］的第10～12行代码结构大致是一样的。［DNE-04］的这部分代码中，像图3.17那样把具有两个值的(z_1, z_2)作为两个节点的输入数据，num_units1或num_units2的其中一个值为2。因为这里输入值有392个，所以在第3行代码中把num_units1设为了392。

接下来的第10～12行代码，把两个节点输出的值传给Softmax函数作为输入值，并计算出这3种数据各自的概率。这部分代码与3.2.1节"应用单层神经网络的多元分类器"的［MSL-03］中第9～11行代码的结构是大致相同的。与［MSL-03］不同的是，［MSL-03］的结果分为"0"～"9"共10个类别，但在这里分类结果只有3个种类。

到目前我们所举的例子中，在写神经网络的基本构成代码时，经常有把已经固定下来的代码组合起来直接使用的情况。在写TensorFlow代码时，目前为止我们的做法基本是"用矩阵运算列出算式后，再用代码实现"的思路，如果把常用的代码组合形式记录下来，其实这些步骤可以省略掉，直接用保存下来的代码复制粘贴就可以实现了。

06

在此之后的处理是用Softmax函数进行分类，其实这也是非常典型的做法。误差函数loss、训练集优化器算法train_step、准确率accuracy的定义，都与［MSL-04］是相同的，只不过把结果分类数从10改为3就可以了。

[OCE-06]

```
1:t = tf.placeholder(tf.float32,[None,3])
2:loss = -tf.reduce_sum(t * tf.log(p))
3:train_step = tf.train.AdamOptimizer().minimize(loss)
4:correct_prediction = tf.equal(tf.argmax(p,1),tf.argmax(t,1))
5:accuracy = tf.reduce_mean(tf.cast(correct_prediction,tf.float32))
```

07

接下来，定义Session，初始化Variable后，用训练集优化器算法对参数进行优化处理。这部分的代码实现与［MSL-05］和［MSL-06］中的内容大致是相同的。

[OCE-07]

```
1:sess = tf.InteractiveSession()
2:sess.run(tf.initialize_all_variables())
```

[OCE-08]

```
1:i = 0
2:for _ in range(200):
3:    i += 1
4:    sess.run(train_step, feed_dict={x:images, t:labels})
5:    if i % 10 == 0:
6:        loss_val, acc_val = sess.run(
7:            [loss, accuracy], feed_dict={x:images, t:labels})
8:        print ('Step: %d, Loss: %f, Accuracy: %f'
9:            % (i, loss_val, acc_val))
```

```
Step: 10, Loss: 97.706993, Accuracy: 0.788889
Step: 20, Loss: 96.378815, Accuracy: 0.822222
Step: 30, Loss: 94.918198, Accuracy: 0.833333
Step: 40, Loss: 93.346489, Accuracy: 0.911111
Step: 50, Loss: 91.696594, Accuracy: 0.922222
Step: 60, Loss: 89.997681, Accuracy: 0.933333
Step: 70, Loss: 88.272461, Accuracy: 0.966667
Step: 80, Loss: 86.562065, Accuracy: 0.988889
Step: 90, Loss: 84.892662, Accuracy: 1.000000
Step: 100, Loss: 83.274239, Accuracy: 1.000000
Step: 110, Loss: 81.711754, Accuracy: 1.000000
Step: 120, Loss: 80.205574, Accuracy: 1.000000
Step: 130, Loss: 78.751511, Accuracy: 1.000000
Step: 140, Loss: 77.344208, Accuracy: 1.000000
Step: 150, Loss: 75.978905, Accuracy: 1.000000
Step: 160, Loss: 74.651871, Accuracy: 1.000000
Step: 170, Loss: 73.360237, Accuracy: 1.000000
Step: 180, Loss: 72.101730, Accuracy: 1.000000
Step: 190, Loss: 70.874496, Accuracy: 1.000000
Step: 200, Loss: 69.676971, Accuracy: 1.000000
```

本次我们用到的数据比较简单，用梯度下降法优化参数100次，正确率就已经达到100%了。这也同时证明了，用卷积核和池化层抽取出的特征通过全连接层成功转换成了特征变量(z_1, z_2)。

08

为了确认结果，我们把每个图片数据对应的数字取出来后再把图片显示出来。在这部分代码中，(z_1, z_2)对应［OCE-05］中的变量hidden2，保存在Placeholder x中数据集对应的(z_1, z_2)值的列矩阵形式。然后把图片数据的类别标签(z_1, z_2)值取出后，用对应的符号"|""−""+"用散点图的形式显示出来。

```
 1:hidden2_vals = sess.run(hidden2, feed_dict={x:images})
 2:
 3:z1_vals = [[],[],[]]
 4:z2_vals = [[],[],[]]
 5:
 6:for hidden2_val, label in zip(hidden2_vals, labels):
 7:    label_num = np.argmax(label)
 8:    z1_vals[label_num].append(hidden2_val[0])
 9:    z2_vals[label_num].append(hidden2_val[1])
10:
11:fig = plt.figure(figsize=(5,5))
12:subplot = fig.add_subplot(1,1,1)
13:subplot.scatter(z1_vals[0], z2_vals[0], s=200, marker='|')
14:subplot.scatter(z1_vals[1], z2_vals[1], s=200, marker='_')
15:subplot.scatter(z1_vals[2], z2_vals[2], s=200, marker='+')
```

上述代码的第1行，用进行完参数优化后的Session对象来对hidden2进行评价，取出目前的(z_1, z_2)值，然后通过第6～9行代码的循环，把标签值分别保存至列表中。第13～15行代码，就是用来表示用对应符号"|""—""+"描绘散点图的部分。

09

上述代码执行后可以得到图4.13所示的输出结果。由图可见，所有数据都分布在±1的周围，(z_1, z_2)可以看出是能够用来表示图片特征的二进制变量。稍具体点来说，那就是z_1表示垂直线的有无（$z_1 = -1$表示有垂直线，$z_1 = 1$表示没有垂直线），z_2表示水平线的有无（$z_2 = 1$表示有水平线，$z_2 = -1$表示没有水平线）。

非常重要的一点是，哪个变量对应哪个特征是程序自动判断的。图4.12的前半段用到了卷积核和池化层，虽然抽取出了图片中的"垂直线"和"水平线"特征，但是在这个过程中输出的数据依然不能达到如图4.11所示的图片数据的效果。还要通过图4.12后面的"扩张输出层"，再把这些图片的"垂直线"和"水平线"进行分类整理才可以。

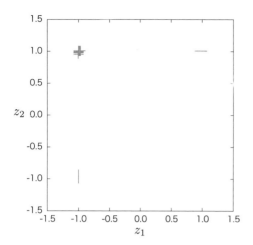

图 4.13　特征变量 (z_1, z_2) 的分布示意图

4.2.2　卷积核的动态学习

到此为止，我们运用卷积核抽取出了"垂直线"和"水平线"的特征，如图 4.6 所示的那样针对 ORENIST 数据集的图片正确地进行了分类。当然下一步就是对于 MNIST 数据集来测试了，但是这里其实还有一个问题没有解决。例如，如图 4.6 所示的图片数据，如果用卷积核抽取出"垂直线"和"水平线"后，可能可以用肉眼识别出来。但是对于抽取出手写数字的特征所需要的卷积核并没有那么简单。

针对这样的问题，我们把卷积核本身也用来作为优化的对象来解决。也就是说，把 5×5 大小的卷积核看作是包含 25 个参数的集合，同样也可以使用梯度下降法来优化，这样就可以把图片分类所需要的卷积核自动优化构成。

因此，所需要修改的 TensorFlow 代码也是非常少的。例如，[OCE-04] 的第 4 行代码，定义了用于保存卷积核信息的常量对象 W_conv，这部分代码就需要用优化参数对象变量 Variable 替换掉原来的常数对象，再执行训练集优化器算法对卷积核的内容进行自动化优化处理。

Notebook文件"Chatper04/ORENIST dynamic filter example.ipynb"中的代码已经反映了这个修正内容，那么我们就来实际地确认一下结果。除了刚才提到的修正部分以外，其他代码与前面都是相同的。这里我们只对关键的部分代码进行说明。首先，我们来看用于对输入数据定义卷积核和池化层部分的代码部分。

[ODE-03]

```
 1:x = tf.placeholder(tf.float32, [None, 784])
 2:x_image = tf.reshape(x, [-1,28,28,1])
 3:
 4:W_conv = tf.Variable(tf.truncated_normal([5,5,1,2], stddev=0.1))
 5:h_conv = tf.abs(tf.nn.conv2d(x_image, W_conv,
 6:                            strides=[1,1,1,1], padding='SAME'))
 7:h_conv_cutoff = tf.nn.relu(h_conv-0.2)
 8:
 9:h_pool =tf.nn.max_pool(h_conv_cutoff, ksize=[1,2,2,1],
10:                       strides=[1,2,2,1], padding='SAME')
```

第4行代码修改的部分，定义了"卷积核大小（垂直×水平）×输入层数×输出层数"大小的多元列表Variable。通过tf.truncted_normal指定了随机数的初始值，选项stddev指定了随机数的取值范围。虽然默认的随机数取值范围是±1，但是这里把范围改为了±0.1。这样一来，在使用图4.5中的卷积核时，与整体除以23.0的做法理由相同。如果卷积核的值过大，可以防止在应用卷积核后的像素值过大。

如果执行参数优化，就可以得到图4.14所示的输出结果。上面一层是应用卷积核后的效果，下面一层最开始的9张图片就是应用池化层后的结果。这样看，刚开始手动添加的数字虽然不是那么清楚，但是垂直线和水平线的抽出效果很好。像这样，通过卷积核的构造从数据中学习，就有可能自动抽出数据中所持有的特征。

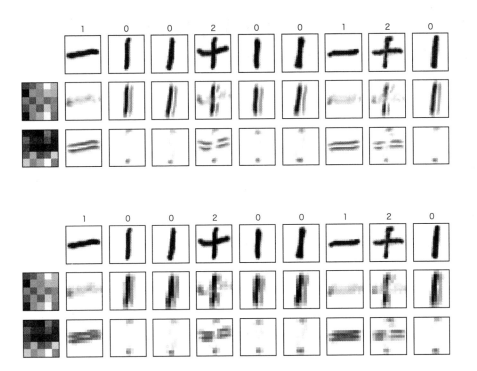

图4.14 卷积核动态学习的结果示意图

但是关于这个结果，我们有必要进行一些补充说明。因为我们所使用的图片数据结构比较单纯简单，所以即使不用卷积核，也是有可能达到很高的分类精度的。因此，即使没有能够抽取出动态学习卷积核的"垂直线"和"水平线"，也存在误差函数值非常小的情况。所以，根据执行训练时的初始条件不同，是否能够得到如图4.14所示的那样清晰的结果也是不确定的。或许，在应用训练集优化器算法的时候，因为对象为全体数据，优化参数结果向误差函数的极小值收敛也是有可能的。为了讲解方便，特意选择了随机数的种子值以使其能够得到非常清晰的结果。

之后我们会将同样的方法应用于MNIST手写数字集，通过追加卷积核和池化层的处理，可以得到比现在更高的数据集准确率。这也可以说是通过卷积核抽取数据特征进行分类能够得到确切效果的确实证据。然后，对训练集数据的其中一部分反复进行优化，再应用小批量概率梯度下降法，就可以避免参数向误差函数极小值处收敛。

4.3 应用卷积核进行手写数字识别分类

本节将通过卷积核动态学习方法来对 MNIST 手写数字集进行识别分类。在 3.2.1 节 "应用单层神经网络的多元分类器" 中,图 3.9 在隐藏层中设置了 1 024 个节点,最终达到了 97% 的正确率。接下来,我们就在这个隐藏层的前面,再加上卷积核和池化层的处理,并一起来确认其结果的准确率是否还能够再提高一点。与此同时,我们还会讲解如何在训练处理过程中保存 Session 的状态,以便于往后再次恢复 Session。

4.3.1 保存 Session 信息的功能

在 TensorFlow 中,正在执行训练处理的 Session 状态是可以保存至文件中的。对于应用了卷积核的神经网络,很多情况下因为需要优化的参数较多,所以训练集优化器算法的执行时间会比较长。如果能够保存 Session 的状态,即使训练处理中途停止,也可以在将来的任意时刻再次继续执行训练处理。

而且,通过保存训练处理结束后的 Session 状态,优化后的参数值也可以随之保存下来。如果需要利用已有的训练结果再次对新的数据进行分类操作,就可以用到已经优化过的参数值,此时就可以把 Session 恢复,然后直接使用之前保存下来的参数值。

01

下面代码对应的 Notebook 为 "Chapter04/MNIST dynamic filter classification.ipynb",我们先来看具体保存 Session 的方法。首先,新建 Session,并初始化 Variable,通过 tf.train.Saver 获取对象后保存到变量中。

```
1:sess = tf.InteractiveSession()
2:sess.run(tf.initialize_all_variables())
3:saver = tf.train.Saver()
```

02

在执行训练集优化器算法的优化处理过程中，通过对象的save方法来调用。

[MDC-07]

```
1:i = 0
2:for _ in range(4000):
3:    i += 1
4:    batch_xs, batch_ts = mnist.train.next_batch(100)
5:    sess.run(train_step, feed_dict={x: batch_xs, t: batch_ts})
6:    if i % 100 == 0:
7:        loss_val, acc_val = sess.run([loss, accuracy],
8:            feed_dict={x:mnist.test.images, t:mnist.test.labels})
9:        print ('Step: %d, Loss: %f, Accuracy: %f'
10:            % (i, loss_val, acc_val))
11:        saver.save(sess, 'mdc_session', global_step=i)
```

在本例中，通过梯度下降法循环优化100次以后，计算误差函数和正确率的值，在第11行代码中调用了save方法。此时，通过参数指定了用于保存的Session对象和保存后的文件名（本例中为"mdc_session"），还通过global_step选项指定了优化处理的执行次数。

通过这样的设置，就会在与Notebook相同的文件夹下生成"mdc_session-<处理次数>.meta"目录和"mdc_session-<处理次数>.meta"文件。在此文件中保存了Session的状态，而且只有最近5个文件的内容会被保存，其他旧的文件会被自动删除。

在另外一段代码中，对应的Notebook文件为"Chapter04/MNIST dynamic filter result.ipynb"，保存Session后恢复了卷积核的值，然后再通过图片显示出来。在恢复Session状态时，各算式都可以获得与之前Session中相同的定义内容。然后，新建Session初始化Variable，声明tf.train.Saver对象后再调用restore方法。此时需要像如下所示代码一样指定对象Session和文件名（在本例中为"mdc_session-4000"）为参数。

[MDR-06]

```
1:sess = tf.InteractiveSession()
2:sess.run(tf.initialize_all_variables())
3:saver = tf.train.Saver()
4:saver.restore(sess,'mdc_session-4000')
```

然后就可以把输入数据放入Placeholder并评价Session，这样就可以得到以现在的参数值计算得出的结果。如果再次应用新的训练集优化器算法，还可以继续对参数进行进一步优化。

4.3.2　通过单层CNN对手写数字进行识别分类

接下来，我们将卷积核动态学习方法应用到识别MNIST手写数字集的例子中。与3.2.1节"应用单层神经网络的多元分类器"介绍过的方法一样，如图3.9所示的神经网络，在隐藏层的前面追加卷积核和池化层处理。所使用的卷积核数量可以任意设置，作为参考这里我们设了16个卷积核，整体构造如图4.15所示。在该例中是只增加了一层卷积核和一层池化层的单层CNN。

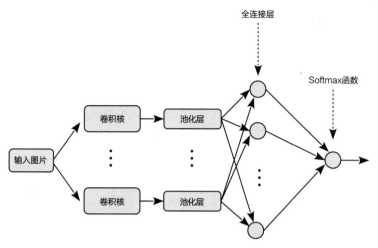

图4.15 追加卷积核和池化层后的神经网络

　　本例中的代码已经放在了 Notebook 文件"Chapter04/MNIST dynamic filter classification.ipynb"中。执行该代码时需要保证有 3GB 以上内存的空余。用 3.2.2 节"通过 TensorBoard 确认网络图"中最后介绍的方法，可以把其他 Notebook 正在执行的内核全部停掉，以确保有足够的内存可以使用。

01

　　导入必需的模块，设定随机数种子，然后准备 MNIST 数据集。

[MDC-01]

```
1:import tensorflow as tf
2:import numpy as np
3:import matplotlib.pyplot as plt
4:from tensorflow.examples.tutorials.mnist import input_data
5:
6:np.random.seed(20160703)
7:tf.set_random_seed(20160703)
```

[MDC-02]

```
1:mnist = input_data.read_data_sets("/tmp/data/", one_hot=True)
```

定义对应卷积核的Variable，定义对输入数据应用卷积核和池化层的算式。

[MDC-03]

```
 1:num_filters = 16
 2:
 3:x = tf.placeholder(tf.float32,[None,784])
 4:x_image = tf.reshape(x,[-1,28,28,1])
 5:
 6:W_conv = tf.Variable(tf.truncated_normal([5,5,1,num_filters],
 7:                                         stddev=0.1))
 8:h_conv = tf.nn.conv2d(x_image,W_conv,
 9:                      strides=[1,1,1,1],padding='SAME')
10:h_pool =tf.nn.max_pool(h_conv,ksize=[1,2,2,1],
11:                       strides=[1,2,2,1],padding='SAME')
```

在第1行代码中，变量num_filters定义了卷积核的数量为16。第3～11行代码，与4.2.2节"卷积核的动态学习"中的［ODE-03］内容基本相同，但是应用卷积核的方法有少许差异。［ODE-03］的目的是为了提取出边缘信息，所以在各像素值乘以卷积核的值并求和后又取了绝对值。但是我们现在的目的不是提取边缘信息，而是提取出"可以用于图片分类的特征"。所以，这里单纯地对各个像素值乘以卷积核后求和，而并没有再取绝对值。在应用卷积核后，像素的值就有可能会出现负值。如果像素值为负值，虽然对于"像素浓度"来说是没有任何意义的，但是对于用于抽取图片特征的数据来说，是有意义的。

把池化层的输出作为全连接层的输入，再通过Softmax函数进行概率转换。

```
 1:h_pool_flat = tf.reshape(h_pool, [-1, 14*14*num_filters])
 2:
 3:num_units1 = 14*14*num_filters
 4:num_units2 = 1024
 5:
 6:w2 = tf.Variable(tf.truncated_normal([num_units1, num_units2]))
 7:b2 = tf.Variable(tf.zeros([num_units2]))
 8:hidden2 = tt.nn.relu(tf.matmul(h_pool_flat, w2) + b2)
 9:
10:w0 = tf.Variable(tf.zeros([num_units2, 10]))
11:b0 = tf.Variable(tf.zeros([10]))
12:p = tf.nn.softmax(tf.matmul(hidden2, w0) + b0)
```

上述代码与［ODE-04］（或者4.2.1节"应用特征变量进行图片分类"中的［OCE-05］）的内容本质上是相同的。不同的地方在于，从池化层输出后的数据总量变为了"14×14×卷积核数量"，以及全连接层的节点数（现在是1 024个）和用Softmax函数进行分类的种类数量（现在是10种）不同。原始图片的大小还是保持28像素×28像素，但是请注意，在经过池化层处理后的图片会缩小为14像素×14像素。还有一点就是在全结合层的节点用于输出的激活函数和3.2.1节"应用单层神经网络的多元分类器"中的［MSL-03］相同，都使用了LeRU。

04

定义误差函数loss、训练集优化器算法train_step和正确率accuracy。

[MDC-05]

```
1:t = tf.placeholder(tf.float32,[None,10])
2:loss = -tf.reduce_sum(t * tf.log(p))
3:train_step = tf.train.AdamOptimizer(0.0005).minimize(loss)
4:correct_prediction = tf.equal(tf.argmax(p,1),tf.argmax(t,1))
5:accuracy = tf.reduce_mean(tf.cast(correct_prediction,tf.float32))
```

请注意，在上述代码的第3行中，对训练集优化器算法 tf.train.AdamOptimizer 设置了学习率值为 0.0005。虽然与这里的训练集优化器算法中的学习率相当的参数是自动调整的，但是在应用于复杂神经网络的情况下，明确指定整体的学习率值是比较明智的。这里所设定的值，是通过很多次试错后发现的值[③]。

05

新建 Session，初始化 Variables。与刚才介绍过的一样准备好 tf.train.Saver 对象。

[MDC-06]

```
1:sess = tf.InteractiveSession()
2:sess.run(tf.initialize_all_variables())
3:saver = tf.train.Saver()
```

06

到这里，终于可以通过梯度下降法对参数进行优化处理了。这里每次使用 100 个小批量数据，全部循环 4 000 次，每循环 100 次就确认一次针对测试集的正确率，用 tf.train.Saver 对象保存现在 Session 的状态至文件中。

[MDC-07]

```
1:i = 0
2:for _ in range(4000):
3:    i += 1
4:    batch_xs, batch_ts = mnist.train.next_batch(100)
5:    sess.run(train_step, feed_dict={x: batch_xs, t: batch_ts})
6:    if i % 100 == 0:
7:        loss_val, acc_val = sess.run([loss, accuracy],
8:            feed_dict={x:mnist.test.images, t: mnist.test.labels})
9:        print ('Step: %d, Loss: %f, Accuracy: %f'
```

----

③ 虽然默认指定为 0.001，但是在本例中如果使用默认值，参数会发散，训练不能顺利进行，因此指定了比默认值更小的值。

```
10:                       % (i, loss_val, acc_val))
11:             saver.save(sess, 'mdc_session', global_step=i)
```

```
Step: 100, Loss: 2726.630615, Accuracy: 0.917900
Step: 200, Loss: 2016.798096, Accuracy: 0.943700
Step: 300, Loss: 1600.125977, Accuracy: 0.953200
Step: 400, Loss: 1449.618408, Accuracy: 0.955600
Step: 500, Loss: 1362.578125, Accuracy: 0.956200
…… 省略 ……
Step: 3600, Loss: 656.354309, Accuracy: 0.981400
Step: 3700, Loss: 671.281555, Accuracy: 0.981300
Step: 3800, Loss: 731.150269, Accuracy: 0.981000
Step: 3900, Loss: 708.207214, Accuracy: 0.982400
Step: 4000, Loss: 708.660156, Accuracy: 0.980400
```

这个处理与到目前为止的代码都不同，执行时间可能会比较长。在最终的执行结果中，针对测试集达到了98％的正确率。在只利用全连接层的情况下，正确率大约为97％，所以可以看到正确率还是稍微提升了一点。

07

保存Session的状态并确认输出保存到了文件中。

[MDC-08]

```
1:!ls mdc_session*
```

```
mdc_session-3600        mdc_session-3800        mdc_session-4000
mdc_session-3600.meta   mdc_session-3800.meta   mdc_session-4000.meta
mdc_session-3700        mdc_session-3900
mdc_session-3700.meta   mdc_session-3900.meta
```

在后面的4.3.3节"确认动态学习的卷积核"中，会用新的Notebook，通过图片确认此次应用卷积核处理后的效果。那个时候，将用文件"mdc_session-4000"来恢复Session的状态，从中取出卷积核的值。

08

作为参考，我们追加了用于在TensorBoard中数据输出的处理，代码放在了Notebook文件"Chapte04/MNIST dynamic filter classification with TensorBoard.ipynb"中。TensorBoard的使用方法，我们在3.2.2节"通过TensorBoard确认网络图"中已经介绍过了，现在执行这个Notebook中的代码后，从Jupyter的命令终端通过下面的命令就可以启动TensorBoard了。

```
# tensorboard --logdir=/tmp/mnist_df_logs ⏎
```

09

打开Web浏览器，输入URL"http://<服务器IP地址>:6006"，就可以得到图4.16和图4.17的输出结果。TensorBoard中显示的网络图包含输入数据（input）、卷积核（convolution）、池化层（pooling）、全连接层（fully-connected）、Softmax函数（softmax）。具体来看训练集优化器（optimizer）内部的话，可以看到卷积核（convolution）的输入数据，这是因为卷积核的值也是优化的对象。

另外，从图4.17中可以看到正确率的变化趋势，如果再重复执行优化处理，正确率还有继续提升的可能性。但是在实际中，即使继续执行优化处理，正确率也并没有继续提升，可以认为是在这个神经网络中，正确率的极限大约就是98％。

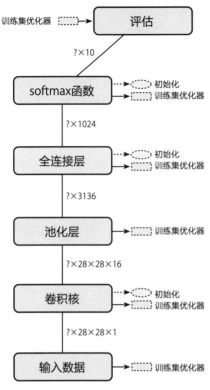

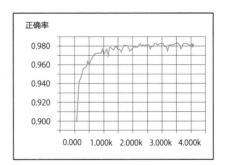

图4.16 TensorBoard中显示的网络图

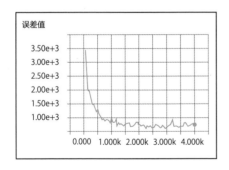

误差函数的值变化趋势

正确率的值变化趋势

图4.17 TensorBoard中显示的误差函数和正确率的变化趋势

4.3.3 确认动态学习的卷积核

我们在对MNIST手写数字集应用单层CNN后，针对测试集达成了大约98%的正确率。接下来，我们会准备16个卷积核，分别针对各自的内容进行动态学习，并确认最终会得到怎样的卷积核。下面代码对应的Notebook为"Chapter04/MNIST dynamic filter result.ipynb"。

01

导入必需的模块，定义与前面单层CNN相同的各种算式。在这部分代码中，除了不需要设置随机数种子这一点外，与刚才的［MDC-01］～［MDC-05］代码内容基本上是相同的。然后，新建Session，初始化Variable，恢复执行优化处理后的Session。

[MDR-06]

```
1:sess = tf.InteractiveSession()
2:sess.run(tf.initialize_all_variables())
3:saver = tf.train.Saver()
4:saver.restore(sess,'mdc_session-4000')
```

在［MDC-07］中，通过读取保存了Session状态的文件"mdc_session-4000"，就可以再现Variable中设定的值。用这个Session来评价变量W_conv、h_conv、h_pool，并获取卷积核的值和应用卷积核、池化层后的图片内容。在这里，我们使用了测试集最开始的9张图片放入到Placeholder中进行评价，并取到输出后的图片。

[MDR-07]

```
1:filter_vals,conv_vals,pool_vals = sess.run(
2:    [W_conv,h_conv,h_pool],feed_dict={x:mnist.test.images[:9]})
```

显示取出的图片数据。首先添加卷积核数据，表示应用各卷积核后的图片。

[MDR-08]

```
1:fig = plt.figure(figsize=(10,num_filters+1))
2:
3:for i in range(num_filters):
4:    subplot = fig.add_subplot(num_filters+1, 10, 10*(i+1)+1)
5:    subplot.set_xticks([])
6:    subplot.set_yticks([])
7:    subplot.imshow(filter_vals[:,:,0,i],
8:                   cmap=plt.cm.gray_r, interpolation='nearest')
9:
10:for i in range(9):
11:    subplot = fig.add_subplot(num_filters+1, 10, i+2)
12:    subplot.set_xticks([])
13:    subplot.set_yticks([])
14:    subplot.set_title('%d' % np.argmax(mnist.test.labels[i]))
15:    subplot.imshow(mnist.test.images[i].reshape((28,28)),
16:                   vmin=0, vmax=1,
17:                   cmap=plt.cm.gray_r, interpolation='nearest')
18:
19:    for f in range(num_filters):
20:        subplot = fig.add_subplot(num_filters+1, 10, 10*(f+1)+i+2)
21:        subplot.set_xticks([])
22:        subplot.set_yticks([])
23:        subplot.imshow(conv_vals[i,:,:,f],
24:                       cmap=plt.cm.gray_r, interpolation=
                                          'nearest')
```

上述代码可能有些长，但是基本上都是为了显示图片，并没有进行特别的、其他的操作。用相同的代码，还可以显示追加适用池化层后的图片。我们这里只列出变更的部分代码，如下所示。

[MDR-09]

```
23:        subplot.imshow(pool_vals[i,:,:,f],
24:                       cmap=plt.cm.gray_r,interpolation='nearest')
```

执行上述代码后，就可以得到如图4.18和图4.19所示的输出结果。最上面的一行是原始图片数据，下面分别是应用了16种卷积核后的结果图，最左侧的一列则是每个卷积核的示意图。在应用卷积核后的图片中，背景并没有变白，是因为像素值有出现负值的情况。最小值的部分就为白色，像素值越大颜色浓度也越大。

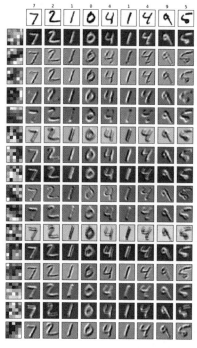

图4.18　应用卷积核后的图片示意图

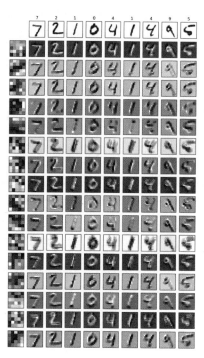

图4.19　应用卷积核和池化层后的图片示意图

虽然每个卷积核的功能这里并不能很明确地看出来，但是通过图4.18可以看出有些卷积核抽取出了图片特定方向上的边缘部分。在图4.19中，还可以看出通过池化层后图片被缩小了。 3.2.1节"应用单层神经网络的多元分类器"的图3.9的神经网络中，最上面一行的图片数据直接作为输入数据传给了隐藏层（全连接层），但是在这里，下面的16张图片数据作为输入数据传给了全连接层。通过这16种数据，得到了原来图片没有的新特征。

最后，我们来总结针对本次训练得到的结果。虽然最终的正确率达到了98％，但是对于测试集的数据，还是存在没有被正确识别分类的数据，这些数据到底出现了怎样的识别错误呢？——这里神经网络的最终输出为Softmax函数转换后的正确率P_n。对于每个数字"0"～"9"的准确率，最终会采用准确率最大的数字作为预测结果。接下来我们来看一下那些没有被正确识别分类的数据的准确率值。

接着刚才的代码，执行如下代码。选出刚才没有被正确识别分类的10个数据，针对每个数据，用柱形图来表示"0"～"9"的概率。

[MDR-10]

```
 1:fig = plt.figure(figsize=(12,10))
 2:c=0
 3:for (image, label) in zip(mnist.test.images,
 4:                          mnist.test.labels):
 5:    p_val = sess.run(p, feed_dict={x:[image]})
 6:    pred = p_val[0]
 7:    prediction, actual = np.argmax(pred), np.argmax(label)
 8:    if prediction == actual:
 9:        continue
10:    subplot = fig.add_subplot(5,4,c*2+1)
11:    subplot.set_xticks([])
12:    subplot.set_yticks([])
13:    subplot.set_title('%d / %d' % (prediction, actual))
14:    subplot.imshow(image.reshape((28,28)), vmin=0, vmax=1,
15:                   cmap=plt.cm.gray_r, interpolation="nearest")
16:    subplot = fig.add_subplot(5,4,c*2+2)
17:    subplot.set_xticks(range(10))
18:    subplot.set_xlim(-0.5,9.5)
19:    subplot.set_ylim(0,1)
20:    subplot.bar(range(10), pred, align='center')
21:    c += 1
22:    if c == 10:
23:        break
```

上述代码的第5行，通过评价Softmax函数的输出值p，针对保存了图片数据的 Placeholder x，分别取出其数字为"0"～"9"的概率。代码执行后，就可以得到如图4.20所示的输出结果。每张图片上面的数字分别表示"预测/正解"，右侧的柱形图表示"0"～"9"的概率。例如，我们看左上角数字"5"的概率，预测为"6"的概率之后紧跟着的就是"5"，虽然概率只差了这么一点点但是导致了最终的识别错误，非常遗憾。

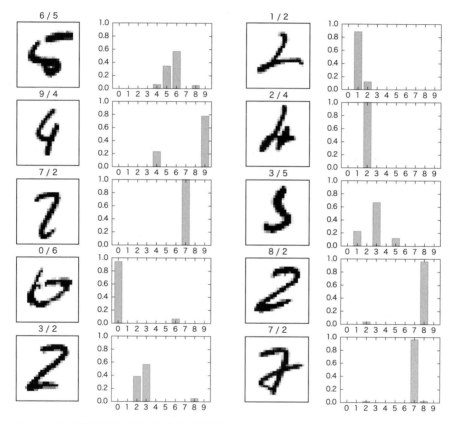

图4.20 没有被正确识别分类的数据的概率值

对单纯的文字识别应用来说，用准确率最大的结果值作为最终预测结果可以说还是比较妥当的。但是如上文中对分类结果的分析一样，像这个例子里，如果继续检查所有数字的准确率，说不定还可以得到些新的启发。

第5章

应用卷积核多层化
实现性能提升

本章将要完成第1章所介绍的CNN(卷积神经网络)的全部内容了(见图5.1)。在上一章中,通过"卷积核→池化层→全连接层→Softmax函数"这样的反复累积处理,终于使MNIST手写数字集的识别分类准确率达到了大约98%。本章将更进一步,通过实现卷积核的多层化,争取把准确率提升到99%。我们还会对之前没有讲过的输出层进行详细的介绍。

　　作为题外话,我们会对CNN在彩色图片数据中的应用方法以及可以在浏览器上确认神经网络动作原理的"A Neural Network Playground"进行介绍。最后,我们还会对神经网络的梯度算法"反向传播算法"进行一些数学上的补充说明。

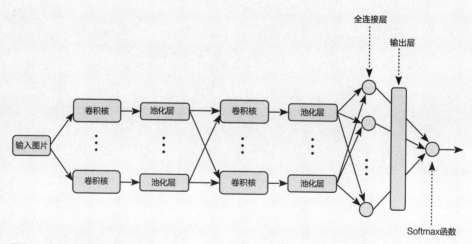

图5.1　完成后的CNN整体示意图

5.1 完成卷积神经网络

本节将会通过实现卷积核的多层化，最终形成"完整版"的CNN，并将它应用于MNIST手写数字集的识别分类。而且，我们会用已经完成训练的CNN，来实现一个可以自动识别从浏览器输入的手写数字的简单应用。

5.1.1 通过多层卷积核抽取特征

在4.3.2节"通过单层CNN对手写数字进行识别分类"的图4.19中，可以看到，通过对输入图片应用卷积核和池化层，得到了与卷积核个数相同的新的图片。在这个例子中，把原始图片分解为了16张图片，其中每张图片都可以用来判断数字种类的必要"特征"。

那么，如果对这些图片再应用一次卷积核和池化层会发生什么现象呢？是否有可能抽取出更多的新特征呢？这可能是非常正常的联想，但是其实这并不是卷积核多层化的目的所在。在前面的章节中，为了优化卷积核对其进行训练，在训练开始前并没有必要考虑能抽取出什么样的特征。首先，对训练集数据进行优化处理，查看测试集的正确率走向，然后尽可能地调整卷积核的数量和大小，大概是这样的一个流程。

本章将针对由两层卷积核和池化层重叠构成的CNN，通过TensorFlow来对其执行优化处理，然后确认最终结果。作为准备，在确认之前，我们来整理两层卷积核对图片分类起到了什么样的作用。为了能够更加高效率地进行参数优化，我们会补充说明一些CNN特有的训练技巧。那么，接下来将第一层和第二层的卷积核数量分别设置为32个和64个，然后再进行后面的介绍。

图5.2是两层卷积核的构成示意图。输入图片的大小为28像素×28像素，应用第一层"卷积核+池化层"处理后，输出了32个14像素×14像素的图片。回顾在4.1.2节"在TensorFlow中运用卷积核"中的介绍，第一层中的卷积核群用TensorFlow代码表示就是"卷积核大小（垂直×水平）×输入图层数×输出图层数"=5×5×1×32大小的多维列表。

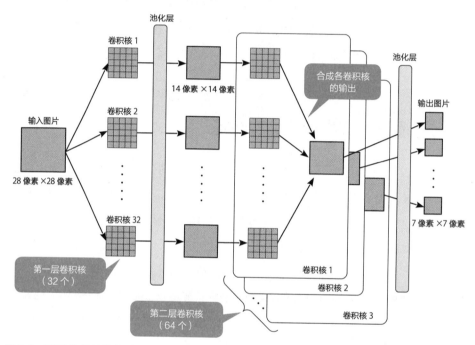

图5.2　两层卷积核的构成

应用第二层卷积核时，可以把这32张图片数据看作是"由32张图层组成的一张图片"。与4.1.2节"在TensorFlow中运用卷积核"中的图4.7相同，对于拥有多个图层的图片数据应用卷积核时，会分别对每个图层应用卷积核后再合并起来。对于现在我们举的这个例子来说，在第二层卷积核中的64张图片数据里面，因为每张图片的内部其实已经应用了32个卷积核，所以第二层中的卷积核群用TensorFlow的代码来表示就是"卷积核大小（垂直×水平）×输入图层数×输出图层数"=5×5×32×64大小的多维列表。最终，经第二层的"卷积核+池化层"处理后，会输出64张7像素×7像素大小的图片数据。

下面是为了在参数优化处理过程中，能够更加有效快速地进行需具备的三个技巧。

① 对经卷积核处理后的图片数据应用ReLU激活函数；

② 参数（Variable）的初始值不要设为0；

③ 为了避免过度拟合，添加输出层处理。

在5.1.2节"用TensorFlow实现多层CNN"的Notebook文件"Chapter05/MNIST double layer CNN classification.ipynb"里，就用到了上面的技巧。这里我们先对这部分代码的关键部分进行说明。

首先，我们来看第一个技巧的具体处理内容。在4.2.1节"应用特征变量进行图片分类"中，为了使卷积核能够抽取出特征变量，当时我们把0.2以下的像素值强制设为了0。具体可以参照下述代码的第7行，在应用ReLU激活函数后，0.2以下的值被清除掉了。

[OCE-04]

```
 4:W_conv = tf.Variable(tf.truncated_normal([5,5,1,2],stddev=0.1))
 5:h_conv = tf.abs(tf.nn.conv2d(x_image,W_conv,
 6:                             strides=[1,1,1,1],padding='SAME'))
 7:h_conv_cutoff = tf.nn.relu(h_conv-0.2)
```

在本例中，虽然阈值设为了0.2，但其实到底设多少还是很难判断的。那么，我们就把阈值设为优化参数对象，具体代码如下。

[CNN-03]

```
 6:W_conv1 = tf.Variable(tf.truncated_normal([5,5,1,num_filters1],
 7:                                           stddev=0.1))
 8:h_conv1 = tf.nn.conv2d(x_image, W_conv1,
 9:                       strides=[1,1,1,1],padding='SAME')
10:
11:b_conv1 = tf.Variable(tf.constant(0.1,shape=[num_filters1]))
12:h_conv1_cutoff = tf.nn.relu(h_conv1 + b_conv1)
```

上述代码的第11行定义了对应阈值的Variable对象b_conv1，然后在第12行代码中应用ReLU激活函数。经卷积核处理后，并没有用函数tf.abs取绝对值，所以应用卷积核后的像素值是可能出现负值的。因为像素值中包含了负值，所示像素值在−b_conv1以下的部分就会被切掉，如图5.3所示。通过卷积核输出的结果只有一部分大于某个特定值且具有一定含义的信息会被传到下一个节点。

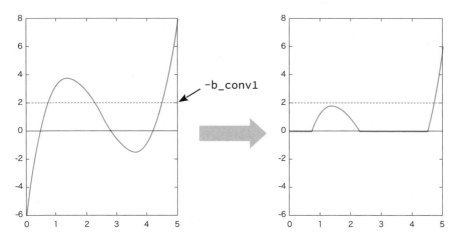

图5.3 ReLU激活函数切取像素值的效果示意图

在上述代码的第11行定义b_conv1时，用到了tf.constant函数，默认值设为了0.1。tf.constant函数可以通过指定shape选项来生成固定形式的多维列表，且所有元素都设为相同的值。之前在设定一次函数常数项等操作时，我们都是使用tf.zeros函数，默认设为0，这里我们用tf.constant函数可以设成了除0以外的其他值。这也就是刚才我们提到的第二个技巧。与卷积核默认值设为随机数的理由相同，通过设置0以外的数值i，可以使误差函数避开驻点，更加高效地进行优化处理过程。

最后关于第三个技巧的输出层，它位于全连接层的节点群和Softmax函数之间的位置，这也同样赋予了它些许特殊的意义。利用概率梯度下降法计算误差函数值时，会向误差函数值变小的方向逐渐修正参数。此时，全连接层的节点群和Softmax函数之间的连接会按一定的比例进入随机切断分离的状态，在此基础上进行误差函数和梯度计算，如图5.4所示。读者可能会怀疑误差函数值是不是就不能被正确计算，优化处理也不能够正常进行了呢？不用担心，恰巧这也正是输出层的功能职责所在。

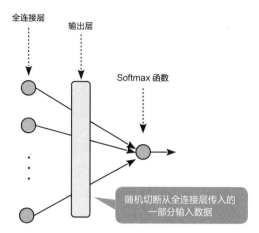

全连接层　　输出层　　　Softmax 函数

随机切断从全连接层传入的
一部分输入数据

图 5.4　输出层的操作

在 2.1.3 节"通过测试集验证"中我们说明过，如果对训练集数据所持有特征进行过度优化，有可能导致测试集的准确率无法提升。特别是像 CNN 这样拥有大量参数的神经网络，非常容易产生过拟合的现象。所以，在输出层进行误差函数计算时，通过切断和全连接层的一部分节点连接，可以实现规避过拟合的效果。

应用输出层的具体代码，如下所示。

[CNN-05]

```
 6:w2 = tf.Variable(tf.truncated_normal([num_units1, num_units2]))
 7:b2 = tf.Variable(tf.constant(0.1, shape=[num_units2]))
 8:hidden2 = tf.nn.relu(tf.matmul(h_pool2_flat, w2) + b2)
 9:
10:keep_prob = tf.placeholder(tf.float32)
11:hidden2_drop = tf.nn.dropout(hidden2, keep_prob)
12:
13:w0 = tf.Variable(tf.zeros([num_units2, 10]))
14:b0 = tf.Variable(tf.zeros([10]))
15:p = tf.nn.softmax(tf.matmul(hidden2_drop, w0) + b0)
```

上述代码的第 8 行定义了 hidden2，表示全连接层的输出值。第 11 行代码中的 tf.nn.dropout 就是应用输出层处理的函数，而且可以通过设置参数 keep_prob 为大小 0～1 的数值，来指定仍然保持连接的节点比例。第 10 行代码中用

Placeholder定义了keep_prob，所以也可以在Session内进行计算时，通过参数feed_dict来设置比例大小。

在我们后面所举的示例中，进行参数优化时，指定了keep_prob的值为0.5。但是在参数优化处理结束后，对未知数据进行预测处理时，因为希望在所有节点连接的状态下进行计算，所以那时会指定keep_prob的值为1.0。

因为在输出层设置了切断节点连接的比例，所以与其对应还要进行扩大节点输出。例如，当切断比例设为一半时，就需要将剩下的节点输出扩大两倍，这样就可以保证在最后输入给Softmax函数时，整体数据量不会减少。

5.1.2 用TensorFlow实现多层CNN

接下来，我们用TensorFlow代码来实现拥有两层"卷积核＋池化层"的多层CNN。下面代码对应的Notebook为"Chapter05/ MNIST double layer CNN classification.ipynb"。请注意，在执行代码时，最好确保有3GB以上的空余内存。可以用在3.2.2节"通过TensorBoard确认网络图"中最后介绍过的方法，通过关停其他Notebook中执行的内核来确保足够的内存空间。

01

导入必需的模块，设置随机数种子，新建MNIST数据集。

[CNN-01]
```
1:import tensorflow as tf
2:import numpy as np
3:import matplotlib.pyplot as plt
4:from tensorflow.examples.tutorials.mnist import input_data
5:
6:np.random.seed(20160704)
7:tf.set_random_seed(20160704)
```

[CNN-02]
```
1:mnist = input_data.read_data_sets("/tmp/data/",one_hot=True)
```

参照图5.1所示的多层CNN，从左侧开始顺序定义，首先定义第一层的卷积核和池化层。

[CNN-03]

```
1:num_filters1 = 32
2:
3:x = tf.placeholder(tf.float32,[None,784])
4:x_image = tf.reshape(x,[-1,28,28,1])
5:
6:W_conv1 = tf.Variable(tf.truncated_normal([5,5,1,num_filters1],
7:                                          stddev=0.1))
8:h_conv1 = tf.nn.conv2d(x_image,W_conv1,
9:                  strides=[1,1,1,1],padding='SAME')
10:
11:b_conv1 = tf.Variable(tf.constant(0.1,shape=[num_filters1]))
12:h_conv1_cutoff = tf.nn.relu(h_conv1 + b_conv1)
13:
14:h_pool1 = tf.nn.max_pool(h_conv1_cutoff,ksize=[1,2,2,1],
15:                  strides=[1,2,2,1],padding='SAME')
```

上述代码第1行中的num_filters1指定了第一层卷积核的个数为32。其他代码基本与4.3.2节"通过单层CNN对手写数字进行识别分类"中的[MDC-03]内容相同。在第11~12行代码中，追加了用ReLU激活函数切掉部分比指定像素值小的像素。与前面讲过的一样，通过b_conv1来指定切取值，默认值为0.1。

03

定义第二层的卷积核和池化层。

[CNN-04]

```
1:num_filters2 = 64
2:
3:W_conv2 = tf.Variable(
4:              tf.truncated_normal([5,5,num_filters1,num_filters2],
5:                                  stddev=0.1))
```

```
 6:h_conv2 = tf.nn.conv2d(h_pool1, W_conv2,
 7:                        strides=[1,1,1,1], padding='SAME')
 8:
 9:b_conv2 = tf.Variable(tf.constant(0.1, shape=[num_filters2]))
10:h_conv2_cutoff = tf.nn.relu(h_conv2 + b_conv2)
11:
12:h_pool2 = tf.nn.max_pool(h_conv2_cutoff, ksize=[1,2,2,1],
13:                         strides=[1,2,2,1], padding='SAME')
```

上述代码第1行中的num_filters2指定了第二层卷积核的个数为64。因为一个卷积核的内部拥有32个卷积核，所以整体就拥有32×64个卷积核，每个卷积核的大小为5×5，第3行代码中的W_conv2就是用来保存这些卷积核的大小为5×5 ×32×64的多维列表Variable。第9～10行代码与刚才一样，都是用ReLU函数切掉比指定值小的像素值。

04

定义全连接层、输出层以及Softmax函数。

[CNN-05]
```
 1:h_pool2_flat = tf.reshape(h_pool2, [-1, 7*7*num_filters2])
 2:
 3:num_units1 = 7*7*num_filters2
 4:num_units2 = 1024
 5:
 6:w2 = tf.Variable(tf.truncated_normal([num_units1, num_units2]))
 7:b2 = tf.Variable(tf.constant(0.1, shape=[num_units2]))
 8:hidden2 = tf.nn.relu(tf.matmul(h_pool2_flat, w2) + b2)
 9:
10:keep_prob = tf.placeholder(tf.float32)
11:hidden2_drop = tf.nn.dropout(hidden2, keep_prob)
12:
13:w0 = tf.Variable(tf.zeros([num_units2, 10]))
14:b0 = tf.Variable(tf.zeros([10]))
15:p = tf.nn.softmax(tf.matmul(hidden2_drop, w0) + b0)
```

上述代码除追加了输出层处理的部分外，其他内容与4.3.2节"通过单层CNN对手写数字进行识别分类"中的［MDC-04］代码构造是基本相同的。第二层的池化层，对于一个输入图片，会输出64个大小为7×7的图片。所以，总共有7×7×64个数据作为全连接层的输入数据。第3～4行代码中的num_units1和num_units2，分别对应全连接层的输入数据数量和全连接层中节点的数量。第10～11行代码就是进行输出层的处理。

05

定义误差函数、训练集优化器算法以及准确率后，神经网络的定义部分就结束了。

[CNN-06]

```
1:t = tf.placeholder(tf.float32,[None,10])
2:loss = -tf.reduce_sum(t * tf.log(p))
3:train_step = tf.train.AdamOptimizer(0.0001).minimize(loss)
4:correct_prediction = tf.equal(tf.argmax(p,1),tf.argmax(t,1))
5:accuracy = tf.reduce_mean(tf.cast(correct_prediction,tf.float32))
```

上述代码的第3行设置了训练集优化器算法tf.train.AdamOptimizer的学习率为0.0001。在4.3.2节"通过单层CNN对手写数字进行识别分类"中的［MDC-05］代码部分当时设为了0.0005，此处设了一个更小的数值。因为神经网络越是复杂，参数的优化精度就可能会越高，所以需要把学习率的值设置得小一点。

06

新建Session，开始进行参数优化处理。首先，新建Session，并初始化Variable。

```
1:sess = tf.InteractiveSession()
2:sess.run(tf.initialize_all_variables())
3:saver = tf.train.Saver()
```

为了能够保存优化处理中的Session状态，在第3行代码中取到了tf.train.
Saver对象值。

07

每次50个小批量数据，用概率梯度下降法进行反复参数优化处理。如果
神经网络比较复杂，每次优化处理的计算时间都比较长。这里为了使计算时间
不至于太长，每次处理的数据量都设得很小，整体合计进行20 000次优化处理。

[CNN-08]

```
1:i = 0
2:for _ in range(20000):
3:    i += 1
4:    batch_xs, batch_ts = mnist.train.next_batch(50)
5:    sess.run(train_step,
6:            feed_dict={x:batch_xs, t:batch_ts, keep_prob:0.5})
7:    if i % 500 == 0:
8:        loss_vals, acc_vals = [], []
9:        for c in range(4):
10:            start = len(mnist.test.labels) / 4 * c
11:            end = len(mnist.test.labels) / 4 * (c+1)
12:            loss_val, acc_val = sess.run([loss, accuracy],
13:                feed_dict={x:mnist.test.images[start:end],
14:                           t:mnist.test.labels[start:end],
15:                           keep_prob:1.0})
16:            loss_vals.append(loss_val)
17:            acc_vals.append(acc_val)
18:        loss_val = np.sum(loss_vals)
19:        acc_val = np.mean(acc_vals)
20:        print ('Step: %d, Loss: %f, Accuracy: %f'
```

```
21:                    % (i, loss_val, acc_val))
22:            saver.save(sess, 'cnn_session', global_step=i)
```

```
Step: 500, Loss: 1539.889160, Accuracy: 0.955600
Step: 1000, Loss: 972.987549, Accuracy: 0.971700
Step: 1500, Loss: 789.961914, Accuracy: 0.974000
Step: 2000, Loss: 643.896973, Accuracy: 0.978400
Step: 2500, Loss: 602.963257, Accuracy: 0.980900
…… 省略 ……
Step: 18000, Loss: 258.416321, Accuracy: 0.991200
Step: 18500, Loss: 285.394806, Accuracy: 0.990900
Step: 19000, Loss: 290.716187, Accuracy: 0.991000
Step: 19500, Loss: 272.024536, Accuracy: 0.991600
Step: 20000, Loss: 269.107880, Accuracy: 0.991800
```

上述代码的第5～6行就是一次优化处理执行的部分,通过设置选项feed_dict,并指定keep_prob的值来设置输出层参数的Placeholder,此处keep_prob设置为0.5,表示全连接层的输出会有一半被切断连接。

第7～21行代码,对每循环优化处理500次后的测试集准确率进行确认。此时keep_prob就设为了1.0,即全连接层的输出全部保留不进行切断处理。最后的第22行代码,保存此时Session的状态到文件中。

目前为止,我们在计算针对测试集的误差函数和准确率时,把测试集的所有数据都保存至Placeholder,然后计算loss和accuracy并对其进行评价。这里我们会把测试集的数据予以分割,分4次进行评价。其实这样做并没有特殊的含义,仅仅是为了减少内存的使用率。因为如果对神经网络所用到测试集的所有数据一次性全部评价,需要消耗大量的内存空间。

完成20 000次优化处理,大概需要1小时以上的时间,可以仔细认真地观察准确率的变化。通过上面的处理后,最终我们使针对测试集的准确率达到了大约99%。这是到目前为止所有的训练结果中达成的最高纪录了。

最后，我们确认Session状态是否准确地保存到了文件中。

[CNN-09]

```
1:! ls cnn_session*
```

```
cnn_session-18000        cnn_session-19000        cnn_session-20000
cnn_session-18000.meta   cnn_session-19000.meta   cnn_session- 20000.meta
cnn_session-18500        cnn_session-19500
cnn_session-18500.meta   cnn_session-19500.meta
```

后面我们就用"cnn_session-20000"文件中保存的训练结果来对手写数字进行识别分类。

5.1.3　自动识别手写数字应用

本节将利用刚才训练后的结果，来实际做一个可以自动识别新的手写数字的应用。下面代码对应的Notebook为"Chapter05/Hand writing recognizer.ipynb"。这里我们是在Jupyter的Notebook上写的代码，我相信，如果做一个同样处理的Web应用对于读者来说应该也不是很难。

01

导入必需的模块，图 5.1 中神经网络的定义部分和刚才的代码基本是相同的，所以这里从新建Session的部分开始介绍。在新建Session，完成Variable的默认值设置后，就恢复训练完成后的Session状态。

```
1:sess = tf.InteractiveSession()
2:sess.run(tf.initialize_all_variables())
3:saver = tf.train.Saver()
4:saver.restore(sess,'cnn_session-20000')
```

02

　　接下来就是JavaScript实现输入手写数字部分的代码。在Jupyter的Notebook中有可以执行JavaScript的功能，我们这里正好用到。首先，把HTML表单和JavaScript的代码以文本的形式定义到变量input_form和javascript中。

[HWR-06]

```
 1:input_form = """
 2:<table>
 3:<td style="border-style: none;">
 4:<div style="border: solid 2px #666; width: 143px; height: 144px;">
 5:<canvas width="140" height="140"></canvas>
 6:</td>
 7:<td style="border-style: none;">
 8:<button onclick="clear_value()">Clear</button>
 9:</td>
10:</table>
11: """
12:
13:javascript = """
14:<script type="text/Javascript">
15:    var pixels = [];
16:    for (var i = 0; i < 28 * 28; i++) pixels[i] = 0
17:    var click = 0;
18:
19:    var canvas = document.querySelector("canvas");
20:    canvas.addEventListener("mousemove", function(e) {
21:        if (e.buttons == 1) {
22:            click = 1;
23:            ccanvas.getContext("2d").fillStyle = "rgb(0,0,0)";
```

```
24:            canvas.getContext("2d").fillRect(e.offsetX, e.offsetY,
                                                             8, 8);
25:            x = Math.floor(e.offsetY * 0.2)
26:            y = Math.floor(e.offsetX * 0.2) + 1
27:            for (var dy = 0; dy < 2; dy++) {
28:                for (var dx = 0; dx < 2; dx++) {
29:                    if ((x + dx < 28) && (y + dy < 28)) {
30:                        pixels[(y + dy) + (x + dx) * 28] = 1
31:                    }
32:                }
33:            }
34:        } else {
35:            if (click == 1) set_value()
36:            click = 0;
37:        }
38:    });
39:
40:    function set_value() {
41:        var result = ""
42:        for (var i = 0; i < 28 * 28; i++) result += pixels[i] + ","
43:        var kernel = IPython.notebook.kernel;
44:        kernel.execute("image = [" + result + "]");
45:    }
46:
47:    function clear_value() {
48:        canvas.getContext("2d").fillStyle = "rgb(255,255,255)";
49:        canvas.getContext("2d").fillRect(0, 0, 140, 140);
50:        for (var i = 0; i < 28 * 28; i++) pixels[i] = 0
51:    }
52:</script>
53:"""
```

- -

03

用准备好的HTML表单和JavaScript执行如下代码。

[HWR-07]

```
1:from IPython.display import HTML
2:HTML(input_form + javascript)
```

此时，如图5.5左侧所示的输入表单就会显示出来，用鼠标随意写个数字后，就会生成28×28 = 784像素的灰度图片，并以一维列表的形式保存至变量 image 中。

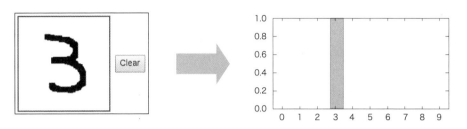

图5.5 识别手写数字示意图

05

把变量 image 的图片数据输入 CNN，分别计算数字为 "0" ~ "9" 的概率。

[HWR-08]

```
1:p_val = sess.run(p, feed_dict={x:[image], keep_prob:1.0})
2:
3:fig = plt.figure(figsize=(4,2))
4:pred = p_val[0]
5:subplot = fig.add_subplot(1,1,1)
6:subplot.set_xticks(range(10))
7:subplot.set_xlim(-0.5,9.5)
8:subplot.set_ylim(0,1)
9:subplot.bar(range(10), pred, align='center')
```

上述代码的第1行定义了参数 feed_dict，把变量 image 的内容放入到 Placeholder x 中，然后通过 Softmax 函数的输出值 p 来进行评价。第3~9行代码，可以输出如图5.5右侧所示的结果柱状图。可以看到，这个例子被正确识别为数字 "3"。如果在表单中输入其他的数字，再次执行 [HWR-08]，就可以得到新的结果。

## 06

确认通过对输入图片进行第一层和第二层卷积核处理后发生了怎样的变化。下面,我们就显示通过第一层卷积核处理后的图片。

[HWR-09]

```
 1:conv1_vals, cutoff1_vals = sess.run(
 2:    [h_conv1, h_conv1_cutoff], feed_dict={x:[image], keep_prob:1.0})
 3:
 4:fig = plt.figure(figsize=(16,4))
 5:
 6:for f in range(num_filters1):
 7:    subplot = fig.add_subplot(4, 16, f+1)
 8:    subplot.set_xticks([])
 9:    subplot.set_yticks([])
10:    subplot.imshow(conv1_vals[0,:,:,f],
11:                   cmap=plt.cm.gray_r, interpolation='nearest')
12:
13:for f in range(num_filters1):
14:    subplot = fig.add_subplot(4, 16, num_filters1+f+1)
15:    subplot.set_xticks([])
16:    subplot.set_yticks([])
17:    subplot.imshow(cutoff1_vals[0,:,:,f],
18:                   cmap=plt.cm.gray_r, interpolation='nearest')
```

第1~2行代码与刚才一样,把变量 image 的内容放入 Placeholder x 后,对进行了第一层卷积核处理后的结果 h_conv1 和 h_conv1_cutoff 进行评价,分别表示了应用激活函数 ReLU 过滤掉一些比较小的像素值的前后数据。第6~18行代码把图片分别显示出来后,就可以得到如图 5.6 所示的结果,显示了32个不同种类的卷积核分别对应的32种图片。

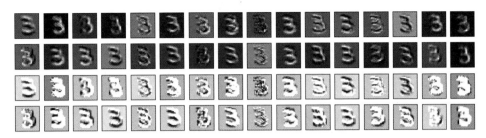

图5.6 应用第一层卷积核处理后的图片

07

用同样的方法对第二层卷积核处理后的图片进行显示。

[HWR-10]

```
 1:conv2_vals, cutoff2_vals = sess.run(
 2:    [h_conv2, h_conv2_cutoff], feed_dict={x:[image], keep_prob:1.0})
 3:
 4:fig = plt.figure(figsize=(16,8))
 5:
 6:for f in range(num_filters2):
 7:    subplot = fig.add_subplot(8, 16, f+1)
 8:    subplot.set_xticks([])
 9:    subplot.set_yticks([])
10:    subplot.imshow(conv2_vals[0,:,:,f],
11:                cmap=plt.cm.gray_r, interpolation='nearest')
12:
13:for f in range(num_filters2):
14:    subplot = fig.add_subplot(8, 16, num_filters2+f+1)
15:    subplot.set_xticks([])
16:    subplot.set_yticks([])
17:    subplot.imshow(cutoff2_vals[0,:,:,f],
18:                cmap=plt.cm.gray_r, interpolation='nearest')
```

第1~2行代码对进行了第二层卷积核处理后的结果h_conv2和h_conv2_cutoff进行评价，分别是过滤掉一些比较小的像素值的前后数据。第6~18行代码把图片分别显示出来后，就可以得到如图5.7所示的结果，显示了64个不同种类的卷积核分别对应的64种图片。

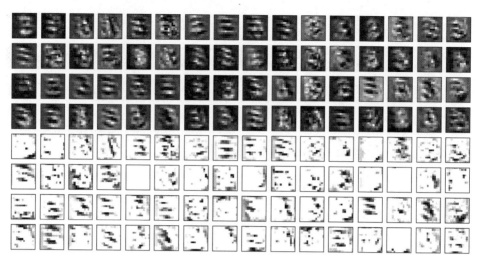

图 5.7 应用第二层卷积核处理后的图片

图5.7所示的下半部分图片，在分别对64张图片应用池化层处理后，最终作为全连接层的输入数据。可以看到，图片中呈现了一些特殊的边缘信息，抽取到了各种各样的特征，然后给予这些特征进行数字的类别判断。虽说如此，如果只看这个图，可能读者还是觉得这样能够把准确率提高到99%还是很不可思议。实际上，这些图片到底表现的是哪些具体特征也是很难解释的。但是通过深度学习找到人类自身很难发现的隐藏特征，这本身也是深度学习非常有趣的一面。

到这里为止，作为本书的主旨，实现手写数字分类的CNN构成就全部结束了，也达到了最初我们设定的用TensorFlow代码来实现并理解CNN构成的目标。到这里请读者回顾本章开头的图5.1，分别确认每个组成部分所起到的作用。刚开始看到此图时可能完全不知所云，但经过我们的讲解后，是不是稍微看出了一些门道呢？

"深度学习"绝不是什么魔法，从一定意义上来说，它是非常简单纯粹的。用简单的道理反复验证，投入大量的数据，对大量的参数进行优化，从而得到高准确度的结果，这就是深度学习的奥秘所在。

5.2 延伸阅读

为了使读者能够对本书的主旨——CNN 和 TensorFlow 有更加深入的理解，或者能够帮助读者有更加直观的感受，本节来说一些相关的题外话。

5.2.1 CIFAR-10（彩色图片数据集）分类的延伸

本章运用多层CNN以及MNIST数据集，成功地对灰度图进行了分类。这里用的CNN就是TensovFlow官方网站上的"TersorFlow Tutorials"中的"Deep MNIST for Experts"所介绍的结构。在这个Tutorial中，如下所示，也介绍了采用相同方法对彩色图片数据进行分类的方法。

具体使用"CIFAR-10"数据集中的32像素×32像素的彩色图片数据，图5.8是实现了"飞机、汽车、鸟、猫、鹿、狗、青蛙、马、轮船、卡车"这10

飞机

汽车

鸟

猫

鹿

狗

青蛙

马

轮船

卡车

图5.8 CIFAR-10的数据集（部分）

种类别分类的部分数据集。除了所用到的图片是彩色图片以外，其他本质上与MNIST数据集都是相同的，用同样的结构也可以实现。在Tutorial中实现了如图5.9所示的CNN用于分类处理。

如图5.9所示的CNN示意图，与之前相比追加了"正则化层"的处理，最后的全连接层也变为了两层。"正则化层"是为了防止像素值变得异常大，而对像素值的范围进行了压缩处理。还有第一层的卷积核处理，与4.1.2节"在TensorFlow中运用卷积核"中的图4.7一样，只不过对应的数据变为了彩色图片。其中的64个卷积核，在其内部分别还拥有对应RGB的三种卷积核。处理后得到的64种图片数据会再次传给第二层的64个卷积核进行进一步处理。

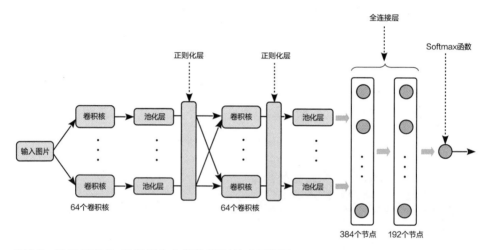

图5.9 用于CIFAR–10数据集分类的CNN构成示意图

另外，没有输出层这一点也与之前不同。与对灰度图的手写数字相比，由于图片数据相对复杂，过拟合现象也比较难以出现，所以输出层在这里被去掉了。

其与MNIST手写数据集相比最大的不同之处，就在于这里在处理图片数据时需要执行几个"前处理"。CIFAR-10的图片数据都是实际生活中拍摄的图片，所以在抽取特征时还需要考虑如下几点。

- 图片中有识别对象以外的物体。
- 识别对象不一定是在图片的中间位置。
- 图片的明度或者对比度不固定。

为了解决这些问题，对于输入图片数据不能直接使用，而是要经过如下处理后，再输入到CNN中进行处理。首先，在用训练集优化器算法进行参数优化处理结束，要进行实际的判断处理时，对输入图片进行如下前处理。

（1）去掉图片周围内容，也被称为Cropping，是可以只对存在于图片中央的物体进行判断的处理。在Tutorial的例子中，对于32像素×32像素图片，切出了只有中央的24像素×24像素值的部分图片。

（2）图片的动态范围标准化，被称为Whitening。对一张图片数据中所包含的像素值范围进行调整，可以向平均值为0、标准偏差为1的范围进行收敛调整。这样，在图片数据中所包含的像素值，就会向±1范围内进行收敛。具体对应RGB的各图层，所有的像素值 x_i $(i = 1, \cdots, N)$ 的平均值 m 和分散值 s^2 可以用如下算式计算出来。

$$m = \frac{1}{N} \sum_{i=1}^{N} x_i, \quad s^2 = \frac{1}{N} \sum_{i=1}^{N} (x_i - m)^2 \tag{5.1}$$

然后，各像素值可以用如下算式进行替换。

$$x_i \to \frac{x_i - m}{\sqrt{s^2}} \tag{5.2}$$

接下来，在应用训练集优化器算法进行参数优化时，对作为训练数据的输入图片进行如下前处理。如果使用概率梯度下降法，虽然相同的图片会重复使用，但在每次使用前也都要进行如下处理。

（1）随机切除图片周边，被称为Random cropping。在进行刚才的判断处理时，对图片中央部分进行了切割，但是在这里是以随机的部分为中心进行切割处理。不管物体在图片的哪个部位，对于物体本身是属于哪个种类的判断是没有影响的。为了把这个事实教给神经网络，就要准备对一张图片从各个不同的地方切割出来的多张图片，并给它们相同的标签，然后再进行参数的优化处理。

（2）图片随机左右翻转，被称为Random flipping。与（1）一样，物体的左右翻转应该对识别物体的种类不产生影响。所以对左右翻转后的图片也设置相同的标签，以此来教给神经网络。

（3）随机调整图片明度和对比度。每张图片所拍摄的状态不同，它的明度和对比度就会有变化，但是所摄物体的种类并不会发生变化。这个处理，对于拥有各种明度和对比度的图片就可以期待也能正常进行分类处理。

（4）标准化图片的动态范围。与进行判断时的处理相同，被称为Whitening。其实这个处理并不局限于图片，在对大数据进行统计处理时一般都会用到，被称为"数据正则化"。

在应用了以上前处理的图片示例后，结果如图5.10所示。每行的最左侧是原始图片，右侧为执行了前处理用于判断的图片，往后依次排列的图片数据都是用于训练的随机修改后的图片[①]。在TensorFlow中，对于刚才介绍过的图片前处理已经有API可以直接调用，用这些功能来表示图5.8和图5.19的Notebook为"Chapter05/CIFAR-10 dataset samples.ipynb"，读者可以自行参考。

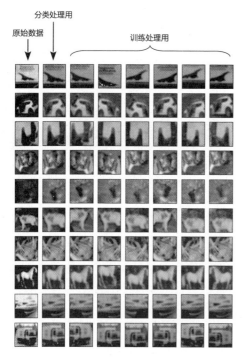

图 5.10　执行前处理后的图片数据示例

① 执行前处理的数据，像素值范围与普通的图片数据像素值范围不同，所以在这里对像素值范围进行再调整后再转换为图片。

应用这些技巧，用如图5.9所示的CNN结构，对测试集训练的正确率最终达到了86%。

5.2.2　通过"A Neural Network Playground"进行直观理解

"A Neural Network Playground"（以下简称Playground）是可以实时观察神经网络，实现二维平面数据分类的Web应用。它是用JavaScript实现的，通过Web浏览器访问如下URL，就可以尝试进行打开了。

- Neural Network Playground（http://playground.tensorflow.org/）

Playground可以实现由多个隐藏层组成的多层神经网络结果，如图5.11所示。对于二维平面上的数据，主要用我们在第3章中介绍的二元分类器算法对数据进行分类操作。对于分类对象的数据，还可以用根据事先准备好的参数来生成随机数据，如图5.12所示。

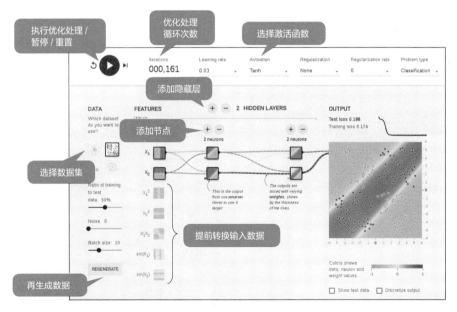

图5.11　"A Neural Network Playground"的操作界面

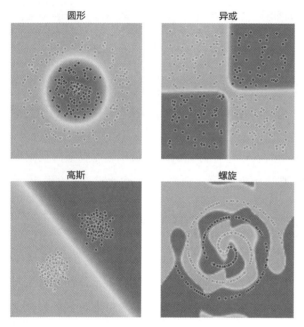

圆形 异或

高斯 螺旋

图 5.12 生成分类对象的数据形态

　　例如，在图 5.13 中，坐标数据传给"一次函数＋Sigmoid 激活函数"的输

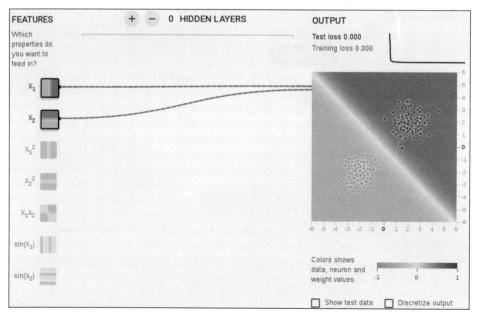

图 5.13 再现逻辑回归示意图（选择左下角的"Gaussian"数据集）

出层，就可以用直线把平面分割开来，再现了与2.1.2节"通过TensorFlow执行最大似然估计"的图2.9相同的结果。

图5.14再现了与第3.3.1节"多层神经网络的效果"中的图3.18相同的结果。对在对角线上分布的数据进行分类，虽然如图3.17那样需要扩展输出层，但这里也非常准确地再现了。

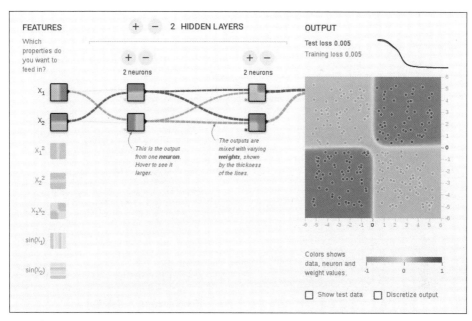

图5.14　基于两层隐藏层的神经网络分类（选择右上角的"Exclusive or"数据集）

在Web浏览器上，随着参数的优化处理，数据分割的状态也在随之变化。如果对于事先准备好的结构进行实际的训练，有时会发现刚开始的时候分类比较杂乱，但是突然会在某一时刻分类变得十分准确。这就像我们在3.3.3节"补充：参数向极小值收敛的例子"中的图3.25所介绍过的一样，在误差函数的极小值附近徘徊时，某一时刻突然找到最小值并开始向最小值移动。根据训练集优化器算法的不同，参数优化的过程也可以通过图形直观地进行确认，这样更加有利于直观地理解TensorFlow的组织构成。

基于某个结构的神经网络，数次生成新的数据并执行训练，有时也会出现如图 5.15 所示的状态。此时，参数向极小值收敛，优化处理不能够正常继续进行，也就是我们在 3.3.3 节"补充：参数向极小值收敛的例子"中图 3.24 所介绍的情况。

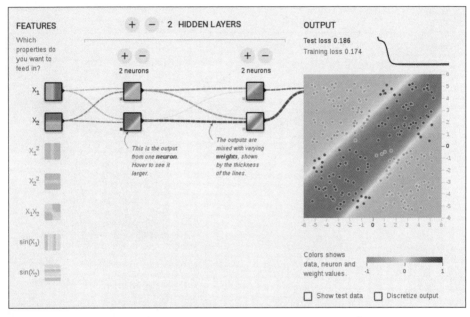

图 5.15　参数向极小值收敛的情况（选择右上角的"Exclusive or"数据集）

那么如果对于相同的数据，应用只有一层隐藏层的单层神经网络，会怎么样呢？与 3.3.1 节"多层神经网络的效果"开头介绍过的一样，这样的数据对于只有两个隐藏层节点的单层神经网络来说，是不能被正确分类的，从图 5.16 所示的执行结果中可以很明显地看出这点。

在 Playground 中，也可以生成其他与图 5.12 所示的那种示例数据。通过设置数据分布为圆形、旋涡型等，来尝试怎样设置隐藏层的节点才能够正确进行分类等，可以像做游戏一样地进行尝试，还是很有意思的（图 5.17）。还可以如图 5.11 所示的那样，运用 x_1^2 或 $\sin(x_1)$ 等函数，对输入数据进行提前转换，也可以将这些全都结合起来进行尝试。

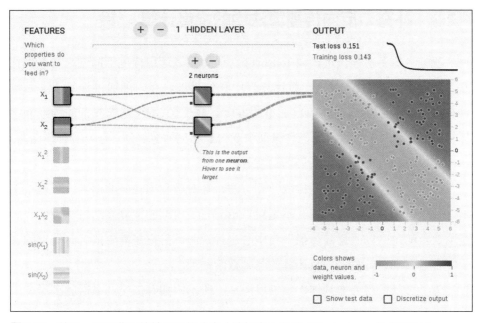

图 5.16　基于一层隐藏层的神经网络分类（选择右上角的"Exclusive or"数据集）

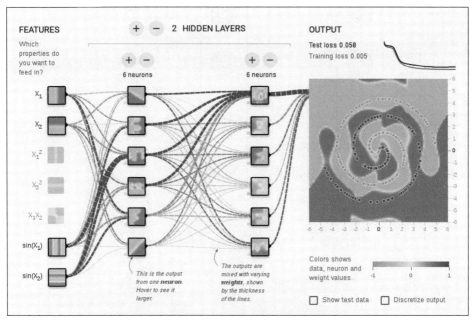

图 5.17　旋涡型数据分类示例（选择右下角的"Spiral"数据集）

5.2.3　补充：反向传播算法中的梯度计算

我们之前多次强调过，在TensorFlow中有可以运用梯度下降法来自动优化参数的功能。在1.1.4节"参数优化"中我们讲过，在内部通过计算误差函数的梯度值，可以找出误差函数变小的方向。对于像CNN这样复杂的神经网络计算，能够在一开始的编程语言级别中就内置梯度运算算法，是非常有帮助的，这也可以说是TensorFlow最显著的特点之一。

这里关于神经网络中的梯度计算方法，针对数学比较好的读者，从理论角度进行一些补充说明。我们并不是对TensorFlow内部的计算算法进行说明，而是从数学的角度以"反向传播"为中心进行说明。前提是需要读者有一定的关于复合函数求导等关于导数计算的基础数学知识[②]。

为了可以说得更加具体，我们以图5.18所示的拥有二层隐藏层的多层神经

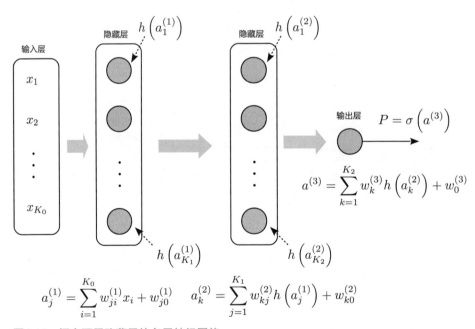

图5.18　拥有两层隐藏层的多层神经网络

网络为例。那么接下来，就基于3.3.1节"多层神经网络的效果"中的图3.17来增加输入数据的变量数以及隐藏层中的节点数，最终达到一个正常的一般水平值。下面对于这个神经网络的梯度计算方法进行讲解。

作为计算开始的准备工作，我们先来整理各种变量。首先，在第一层隐藏层的节点计算中，有作为输入数据的一次函数，此时的输入数据 $(x_1, x_2, \cdots, x_{K0})$ 可以用如下的一次函数来表示。

$$a_j^{(1)} = \sum_{i=1}^{K_0} w_{ji}^{(1)} x_i + w_{j0}^{(1)} \quad (j = 1, \cdots, K_1) \tag{5.3}$$

把 $a_j^{(1)}$ 代入激活函数 $h(x)$ 后，就可以得到第二层隐藏层的输入值，可以用如下的一次函数来表示。

$$a_k^{(2)} = \sum_{j=1}^{K_1} w_{kj}^{(2)} h(a_j^{(1)}) + w_{k0}^{(2)} (k = 1, \cdots, K_2) \tag{5.4}$$

激活函数 $h(x)$，可以认为是双曲正切函数或者ReLU等的其中一种。把 $a_k^{(2)}$ 代入激活函数 $h(x)$ 后，就可以得到作为输出层的输入值，同样，输出层的一次函数可以表示如下。

$$a^{(3)} = \sum_{k=1}^{K_2} w_k^{(3)} h(a_k^{(2)}) + w_0^{(3)} \tag{5.5}$$

把 $a^{(3)}$ 代入Sigmoid激活函数 $\sigma(x)$ 后就可以得到最终的输出值 P。

$$P = \sigma(a^{(3)}) \tag{5.6}$$

在训练集的数据群中，如果第 n 个数据作为输入数据用 P_n 表示，则误差函数就可以用如下算式来计算。

$$E = -\sum_{n=1}^{N} \{t_n \log P_n + (1 - t_n) \log(1 - P_n)\} \tag{5.7}$$

与2.1.1节"利用概率进行误差评价"中的公式（2.9）相同，t_n 表示的是第 n 个数据的正确标签。此时把公式（5.7）中的第 n 个数据取出，可以表示如下。

$$E_n = -\{t_n \log P_n + (1 - t_n) \log(1 - P_n)\} \tag{5.8}$$

那么，误差函数就可以表示为每个数据叠加求和。

$$E = \sum_{n=1}^{N} E_n \qquad (5.9)$$

梯度 ∇E 是计算偏导数后得到的结果，所以如下算式成立。

$$\nabla E = \sum_{n=1}^{N} \nabla E_n \qquad (5.10)$$

那么，如果可以单独计算公式（5.8）中的梯度 ∇E_n，根据公式（5.10），也可以求出全部误差函数的梯度。那么接下来，对于公式（5.3）～（5.6），求第 n 个数据的梯度，下面就是对应的算式。

$$E_n = -\{t_n \log P + (1 - t_n) \log(1 - P)\} \qquad (5.11)$$

这里所说的梯度，就是把公式（5.11）作为需要优化参数的函数，分别对其参数求偏导数后的结果所组成的向量。现在，作为优化对象的参数如下。

- 公式（5.3）中包含的参数：$w_{ji}^{(1)}, w_{j0}^{(1)}$。
- 公式（5.4）中包含的参数：$w_{kj}^{(2)}, w_{k0}^{(2)}$。
- 公式（5.5）中包含的参数：$w_k^{(3)}, w_0^{(3)}$。

因此，如果对公式（5.11）中的参数求偏导数，就可以计算出梯度值。但是这些参数，通过公式（5.3）～（5.6）代入公式（5.11）后，因为考虑到函数之间有依存关系，所以就需要对复合函数求导。

例如，公式（5.5）中所包含的参数 $w_k^{(3)}$、$w_0^{(3)}$，可以通过公式（5.5）中的 $a^{(3)}$ 代入公式（5.11），那么如下算式就可以成立。

$$\frac{\partial E_n}{\partial w_k^{(3)}} = \frac{\partial E_n}{\partial a^{(3)}} \frac{\partial a^{(3)}}{\partial w_k^{(3)}} \qquad (5.12)$$

$$\frac{\partial E_n}{\partial w_0^{(3)}} = \frac{\partial E_n}{\partial a^{(3)}} \frac{\partial a^{(3)}}{\partial w_0^{(3)}} \qquad (5.13)$$

其中，公式（5.12）和公式（5.13）右侧共同的第一个偏导数可以用符号 $\delta^{(3)}$ 来表示，可以进行如下计算。

$$\delta^{(3)} := \frac{\partial E_n}{\partial a^{(3)}} = \frac{\partial E_n}{\partial P} \frac{\partial P}{\partial a^{(3)}} = -\left(\frac{t_n}{P} - \frac{1-t_n}{1-P}\right)\frac{\partial P}{\partial a^{(3)}}$$

$$= \frac{P-t_n}{P(1-P)}\frac{\partial P}{\partial a^{(3)}} = \frac{P-t_n}{P(1-P)}\sigma'(a^{(3)}) \tag{5.14}$$

Sigmoid 激活函数 $\sigma(x)$ 就变得可以具体进行计算了。另外，公式（5.12）和（5.13）右侧的两个偏导数也可以从公式（5.5）中计算得出。

$$\frac{\partial a^{(3)}}{\partial w_k^{(3)}} = h(a_k^{(2)}), \quad \frac{\partial a^{(3)}}{\partial w_0^{(3)}} = 1 \tag{5.15}$$

总结以上内容，对 $w_k^{(3)}$、$w_0^{(3)}$ 求偏导数的计算如下所示。

$$\frac{\partial E_n}{\partial w_k^{(3)}} = \delta^{(3)} \times h(a_k^{(2)}), \quad \frac{\partial E_n}{\partial w_0^{(3)}} = \delta^{(3)} \tag{5.16}$$

接下来，考虑公式（5.4）中所包含的参数 $w_{kj}^{(2)}$、$w_{k0}^{(2)}$，这些可以通过公式（5.4）的 $a_k^{(2)}$ 来代入公式（5.11），所以如下算式成立。

$$\frac{\partial E_n}{\partial w_{kj}^{(2)}} = \frac{\partial E_n}{\partial a_k^{(2)}} \frac{\partial a_k^{(2)}}{\partial w_{kj}^{(2)}} \tag{5.17}$$

$$\frac{\partial E_n}{\partial w_{k0}^{(2)}} = \frac{\partial E_n}{\partial a_k^{(2)}} \frac{\partial a_k^{(2)}}{\partial w_{k0}^{(2)}} \tag{5.18}$$

对公式（5.17）和公式（5.18）右边共同的第一个偏导数用符号 $\delta_k^{(2)}$ 表示，就可以进行如下计算。

$$\delta_k^{(2)} := \frac{\partial E_n}{\partial a_k^{(2)}} = \frac{\partial E_n}{\partial a^{(3)}} \frac{\partial a^{(3)}}{\partial a_k^{(2)}} = \delta^{(3)} \times w_k^{(3)} h'(a_k^{(2)}) \tag{5.19}$$

这里最后的变形用到了 $\delta^{(3)}$ 的定义公式（5.14）和公式（5.5）的算式。因为激活函数 $h(x)$ 的导数 $h'(x)$ 可以套用公式来进行计算，所以 $\delta_k^{(2)}$ 的部分是可以具体被计算出来的。公式（5.17）和公式（5.18）右侧的第二个偏导数可以从公式（5.4）计算得出，把结果代入后，就可以最终得到如下关系式。

$$\frac{\partial E_n}{\partial w_{kj}^{(2)}} = \delta_k^{(2)} \times h(a_j^{(1)}), \quad \frac{\partial E_n}{\partial w_{k0}^{(2)}} = \delta_k^{(2)} \tag{5.20}$$

这样一来，通过 $w_{kj}^{(2)}$、$w_{k0}^{(2)}$ 就决定了偏导数的值。最后考虑公式（5.3）所包含的参数 $w_{ji}^{(1)}$、$w_{j0}^{(1)}$，通过公式（5.3）的 $a_j^{(1)}$ 代入公式（5.11），如下算式成立。

$$\frac{\partial E_n}{\partial w_{ji}^{(1)}} = \frac{\partial E_n}{\partial a_j^{(1)}} \frac{\partial a_j^{(1)}}{\partial w_{ji}^{(1)}} \tag{5.21}$$

$$\frac{\partial E_n}{\partial w_{j0}^{(1)}} = \frac{\partial E_n}{\partial a_j^{(1)}} \frac{\partial a_j^{(1)}}{\partial w_{j0}^{(1)}} \tag{5.22}$$

公式（5.21）和公式（5.22）右侧共同的第一个偏导数用 $\delta_j^{(1)}$ 表示，就可以用如下算式计算。

$$\delta_j^{(1)} := \frac{\partial E_n}{\partial a_j^{(1)}} = \sum_{k=1}^{K_2} \frac{\partial E_n}{\partial a_k^{(2)}} \frac{\partial a_k^{(2)}}{\partial a_j^{(1)}} = \sum_{k=1}^{K_2} \delta_k^{(2)} \times w_{kj}^{(2)} h'(a_j^{(1)}) \tag{5.23}$$

这里最后的变形用到了 $\delta_k^{(2)}$ 的定义公式（5.19）和公式（5.4）的算式。公式（5.21）和公式（5.22）右侧的两个偏导数可以从公式（5.3）计算出，把结果代入后，最终可以得到如下算式。

$$\frac{\partial E_n}{\partial w_{ji}^{(1)}} = \delta_j^{(1)} \times x_i, \quad \frac{\partial E_n}{\partial w_{j0}^{(1)}} = \delta_j^{(1)} \tag{5.24}$$

这样一来，通过 $w_{ji}^{(1)}$、$w_{j0}^{(1)}$ 就决定了偏导数的值。计算过程虽然有点长，但是如果把公式总结，按如下步骤对所有参数求偏导数，也就可以求出梯度的值。

首先，对输出层的参数用如下算式求偏导数。

$$\delta^{(3)} := \frac{\partial E_n}{\partial a^{(3)}} = \frac{P - t_n}{P(1-P)} \sigma'(a^{(3)}) \tag{5.25}$$

$$\frac{\partial E_n}{\partial w_k^{(3)}} = \delta^{(3)} \times h(a_k^{(2)}), \quad \frac{\partial E_n}{\partial w_0^{(3)}} = \delta^{(3)} \tag{5.26}$$

然后用这个结果，对第二层的隐藏层参数用如下算式求偏导数。

$$\delta_k^{(2)} := \frac{\partial E_n}{\partial a_k^{(2)}} = \delta^{(3)} \times w_k^{(3)} h'(a_k^{(2)}) \tag{5.27}$$

$$\frac{\partial E_n}{\partial w_{kj}^{(2)}} = \delta_k^{(2)} \times h(a_j^{(1)}), \quad \frac{\partial E_n}{\partial w_{k0}^{(2)}} = \delta_k^{(2)} \tag{5.28}$$

最后，基于这个结果，再次对第一层的隐藏层中的参数用如下算式求偏导数。

$$\delta_j^{(1)} := \frac{\partial E_n}{\partial a_j^{(1)}} = \sum_{k=1}^{K_2} \delta_k^{(2)} \times w_{kj}^{(2)} h'(a_j^{(1)}) \tag{5.29}$$

$$\frac{\partial E_n}{\partial w_{ji}^{(1)}} = \delta_j^{(1)} \times x_i, \quad \frac{\partial E_n}{\partial w_{j0}^{(1)}} = \delta_j^{(1)} \tag{5.30}$$

像这样，在对无参数的偏导数进行计算时，从输出层开始到输入层依次进行计算。一般的神经网络计算中是从输入层到输出层依次计算，因为是逆向计算，所以这种计算方法也被称为"反向传播算法"。

通过上面的例子，我们知道对于拥有多个隐藏层的复杂神经网络，通过反向传播算法，也可以计算出梯度值。在 TensorFlow 的内部，对应神经网络的构成，自动实现了反向传播算法计算功能。

通过公式（5.10）可以知道，在训练集数据较多时，针对每个数据进行分别求梯度，可以在最后再全部求和。TensorFlow 可以在拥有多核的服务器上进行多线程并行运算，对于多个数据也可以并行进行梯度运算，以此来提高计算速度。虽然在本书没有提及，但是在 TensorFlow 中对于在多个服务器并行分散计算的功能也是内置的。

第5章 应用卷积核多层化实现性能提升

MNIST 之后，挑战not MNIST！

在本章中，"*TensorFlow Tutorials*"在继对MNIST数据集进行分类后，我们还对被称为CIFAR-10的彩色图片数据集进行了分类处理介绍。但是在实际执行这个处理的时候，因为需要消耗很多的计算时间，并不能很轻易地执行得到结果，所以在MNIST之后作为下一阶段，可以轻易执行尝试的数据集还有"*notMNIST*"。

这是一个名为Yaroslav Bulatov的人个人做成公开的，用来代替"0"~"9"数字的"A"~"J"英文字母数据集。但是，它们并不是手写文字，而是从可以免费使用的字体中，收集了如图所示的特殊字体文字组成的。对于这些图片数据，又能达到怎样的分类准确度呢？

应用本章完成的两层CNN，对测试集进行训练后达到了大约94%的准确率。在笔者的博客中，介绍了用TensorFlow对此数据集的训练方法[1]。感兴趣的读者，可以尝试挑战修改训练模型，看是不是能够得到更高的准确率呢。

---

[1] Using notMNIST dataset from TensorFlow

http://enakai00.hatenablog.com/entry/ 2016/08/02/102917

附录

附录 A Mac OS X和Windows 环境的安装方法

本附录将会利用Mac OS X和Windows上的Docker，来搭建本书示例代码在本地运行的环境，并加以说明。图A.1是PC在本地使用Jupyter的示意图，通过PC端的Docker容器启动Jupyter，然后打开本地的Web浏览器就可以访问了。

图A.1　本地PC使用Jupyter示意图

A.1　Mac OS X环境的准备步骤

在本书写作时，基于Mac OS X上的Docker已经对应了Yosemite之后的版本。这里介绍的所有步骤，都已在El Capitan版本上确认过了。

首先，从Docker的官方网站下载用于Mac OS X上的Docker安装包。单

击 "Get Started with Docker" 按钮就可以打开下载页面，如图 A.2 所示。单击 "Download Docker for Mac" 就会自动下载 Docker.dmg 的安装包。

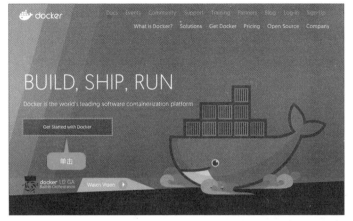

图 A.2 单击 Docker 官方网站的 "Get Started with Docker" 链接

　　双击打开安装文件后，就会显示如图 A.3 所示的画面，拖动左侧的 Docker 图标把程序文件拷贝至右侧的 Applications 文件夹，然后从 Applications 文件夹中启动 Docker。第一次启动时，会显示安装处理的对话框，按照指示步骤就可以完成安装。

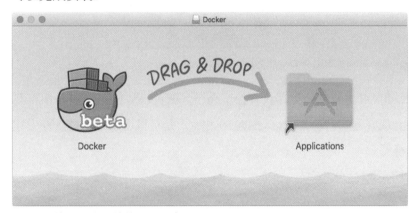

图 A.3 拷贝程序文件的画面示意图

安装完成并启动Docker后，会在菜单栏中看到Docker的鲸鱼图标。单击鲸鱼图标可以打开Docker的管理菜单，选择"Preferences"，并打开"Advanced"标签页，设置"Memory"为4GB以上（见图A.4）。"CPUs"可以设置为任意数值，但是为了使示例代码的执行时间不会特别长，推荐把值设为4以上。设置完成后单击"Apply advanced settings"按钮，设置内容就已经成功保存了。

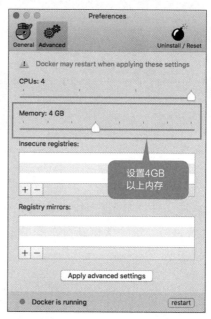

图A.4 通过Docker管理菜单设定Memory和CPU示意图

接下来，用OS X自带的终端执行如下命令，就可以从Docker Hub中下载镜像文件，并从容器中启动Jupyter（图A.5）。"\"是可以用来标示命令行中途换行的输入符号。

```
$ mkdir $HOME/data ↵
$ docker run -itd --name jupyter -p 8888:8888 -p 6006:6006 \ ↵
    -v $HOME/data:/root/notebook -e PASSWORD=password \ ↵
    enakai00/jupyter_tensorflow: 0.9.0-cp27 ↵
```

```
[ws10047:~ mynavi$ mkdir $HOME/data
[ws10047:~ mynavi$ docker run -itd --name jupyter -p 8888:8888 -p 6006:6006 \
> -v $HOME/data:/root/notebook -e PASSWORD=passw0rd \
> enakai00/jupyter_tensorflow:0.9.0-cp27
Unable to find image 'enakai00/jupyter_tensorflow:0.9.0-cp27' locally
0.9.0-cp27: Pulling from enakai00/jupyter_tensorflow

a3ed95caeb02: Pull complete
da71393503ec: Pull complete
bd182e7407b8: Pull complete
ab00e726fd5f: Pull complete
d59566bcc7c5: Pull complete
7dfa8a8cd0f3: Pull complete
edc3b8fc01e0: Pull complete
7f0730d44ae5: Pull complete
608ebba7c0a3: Pull complete
42d6024691cd: Pull complete
06c005696a9c: Pull complete
Digest: sha256:4a1f4f8af59e5a1de09d3a2f45670cc4e7e5302c49a9470fd988330c1972c8b9
Status: Downloaded newer image for enakai00/jupyter_tensorflow:0.9.0-cp27
6ce4726f6ae89a04e592a89baf64a1056d144b4dɔebec1436daccdf5c96fd46b
```

图A.5　命令行执行中的示意图

选项"-e PASSWORD"可以指定从Web浏览器打开Jupyter时所需要输入的
验证密码。在本例中，所指定的密码为"password"。之后有关Docker的操作方
法与CentOS 7下是完全相同的，可参照1.2.1节"基于CentOS 7环境的安装步骤"
中步骤 05 后的内容。按照此步骤启动容器，Jupyter所做成的Notebook文件，默
认会保存在用户根目录（/User/用户名）下的"data"文件夹中，如图A.6所示。

图A.6　Notebook中的文件保存在"data"文件夹中的示意图

从Web浏览器使用Jupyter时，只要输入URL"http://localhost:8888"就可以
打开。如果希望启动第3章和第4章的TensorBoard，可以通过输入URL"http://
localhost:6006"来访问TensorBoard。还有一点需要注意，如果是希望执行第4
章和第5章的示例代码，最好关闭所有不用的程序，以保证有足够的内存可用。

附录A Mac OS X和Windows 环境的安装方法

A.2　Windows 10环境的准备步骤

在本书写作时，Docker对应的Windows有64位的Windows 10 Pro、Enterprise、Education三个版本。但是，如果需要使用可以把Docker和周边工具打包在一起安装的工具"Docker Toolbox"的话，就只支持对应了虚拟技术的64位Windows 7、8（8.1）、10。

Docker Toolbox和虚拟化软件Virtual Box是捆绑在一起的，它是可以在安装了Virtual Box的虚拟机上运行Docker的工具组。下面我们就来介绍Docker Toolbox的基本使用步骤。

用如下方法可以确认使用的Windows版本是否支持虚拟化技术。
- Windows 7
用Microsoft提供的确认工具https://www.microsoft.com/en-us/download/details.aspx?id=592来安装。

- Windows 8/8.1/10
按下［Ctrl］+［Alt］+［Delete］组合键打开任务管理器，如果上面标签没有，可以单击画面左下角的"详细"。然后单击上面的"性能"选项卡，如果画面下方的"虚拟机"显示"是"，就说明支持虚拟化，如图A.7所示。

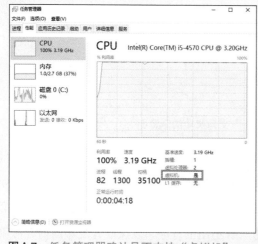

图A.7　任务管理器确认是否支持"虚拟机"

接下来我们的操作步骤全部基于Windows 10。首先，通过Docker Toolbox的官方网站下载Windows用的Docker（图A.8）。单击"Download"按钮就可以下载安装文件"DockerToolbox-1.12.0.exe"（文件尾部编号可能会发生变化）。

图A.8 单击Docker Toolbox的官方网站中的"Download"

双击下载后的文件，就可以执行安装了。如果弹出"用户账户控制"确认画面，请单击"是"继续安装。然后会显示如图A.9所示的确认画面，安装中如果不需要把诊断数据发送给Docker公司，可以把对话框中的复选框取消后，单击"Next"按钮。

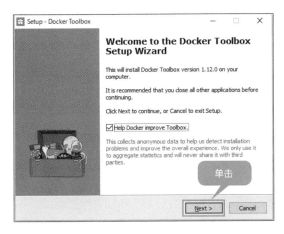

图A.9 单击安装画面中的"Next"

在下一步中就会选择安装目录。如果希望更改安装目录可以在这里设置，然后继续单击"Next"按钮。接下来就显示如图A.10所示的画面，其中会列出要安装的组件内容，确认后单击"Next"按钮。

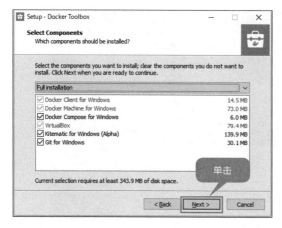

图A.10　确认安装组件后单击"Next"

如果安装过程中弹出如图A.11所示的对话框（"名称"的部分可能会有所不同），请单击"安装"按钮。

图A.11　单击"安装"按钮

按照提示进行安装完成后，就可以在程序菜单中选择"Docker → Docker Quickstart Terminal"来打开Docker Quickstart Terminal。打开终端后，会显示一些信息。中途还可能会几次弹出"用户账户控制"的对话框，选择"是"继续即可。最后如果能够显示如图A.12所示的画面就表示安装成功。此时表示名称为"default"的虚拟机已经处于运行状态。

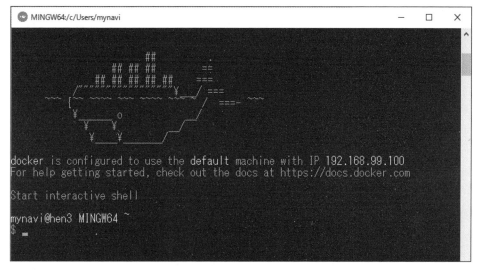

图 A.12　Docker 安装完成后的状态

　　然后，执行如下命令。这样就可以从 Docker Hub 下载镜像文件，再从容器启动 Jupyter（图 A.13）。"\ "是可以用来标示命令行中途换行的输入符号。

```
$ mkdir $HOME/data ⏎
$ docker run -itd --name jupyter -p 8888:8888 -p 6006:6006 \ ⏎
    -v $HOME/data:/root/notebook -e PASSWORD=passw0rd ⏎ \
    enakai00/jupyter_tensorflow:0.9.0-cp27 ⏎
```

图 A.13　命令行执行中

选项 "-e PASSWORD" 可以指定从 Web 浏览器打开 Jupyter 时所需要输入的验证密码。在本例中，所指定的密码为 "password"。之后有关 Docker 的操作方法与 CentOS 7 是完全相同的，可参照 1.2.1 节 "基于 CentOS 7 环境的安装步骤" 一节中步骤 05 后的内容。按照此步骤启动容器，Jupyter 所做成的 Notebook 文件，默认会保存在用户根目录（/User/用户名）的 "data" 文件夹下。

从 Web 浏览器使用 Jupyter 时，只要输入 URL "http://localhost:8888" 就可以打开（如果打不开，可以尝试输入 "docker-machine ip"，拿到 IP 地址后再输入 "http://<服务器 IP 地址>:8888"）。如果希望启动第 3 章和第 4 章的 TensorBoard，要输入 URL "http:// localhost:6006" 来访问 TensorBoard。

这些步骤都完成后，我们还需要增加分配给 Docker 所使用的内存大小。在这之前需要用如下命令来停止虚拟机。

```
# docker-machine stop default ⏎
```

然后从程序菜单启动 "Oracle Virtual Box"。选择左侧的 "default"，单击上面部分的 "设置"（图 A.14）。

图 A.14 单击 "Oracle Virtual Box" 的 "设置"

选择左侧的"系统"，然后滑动右侧"主板"标签中的"内存"滑块，设置为4GB以上（图A.15）。在"处理器"标签中的"处理器数量"也是可以任意指定的。为了使示例代码的执行时间尽可能地不要太长，推荐设置为4以上的值。设置完成后，单击"OK"按钮就可以关闭Virtual Box了。

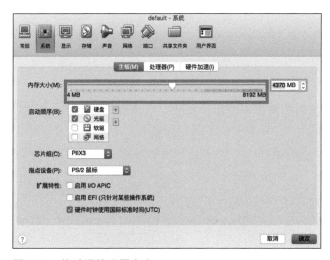

图A.15　拖动滑块设置大小

　　如果希望继续操作Docker，可以用如下命令启动虚拟机。

```
# docker-machine start default ⏎
```

附录 B Python 2的基本语法

B.1 Hello, World!

· Hello, World!

首先,以print打印字符串为例。字符串定义既可以使用单引号 "'",也可以使用双引号 """"。一行中以 "#" 符号开始的为注释内容。下面代码中,直线以后的部分为输出结果。

```
# 打印「Hello,World!」
print 'Hello,World!'
```

Hello,World!

· 变量赋值与运算

变量可以代入任意类型的数据,下面为代入整数进行加法运算的示例。print后指定多个用 "," 分割的变量,就可以在一行中把它们的值全部打印出来。

```
a = 10
b = 20
c = a + b
print a,b,c
```

10 20 30

· 整数类型和浮点数类型

在Python中,整数之间的计算和包含浮点数的计算是被严格区分开的。整数之间的计算,结果必然还是整数。下面例子中的第一行,就被认为是整数之间的运算,所以计算结果的小数部分会被舍弃。

```
print 3/2
print 3/2.0
```

```
1
1.5
```

· 运算符

主要的算术运算符和赋值运算符如表 B.1、表 B.2 所列。

表 B.1 算术运算符

运算符	描述	示例
+	加法	2+4(6)
−	减法	6−3(3)
*	乘法	3*3(9)
/	除法	9*4(2.25)
%	取余	9*4(1)
**	幂运算	2**3(16)

表 B.2 赋值运算符

运算符	描述
+=	将右操作数相加到左操作数，并将结果分配给左操作数
-=	从左操作数中减去右操作数，并将结果分配给左操作数
*=	将右操作数与左操作数相乘，并将结果分配给左操作数
/=	将左操作数除以右操作数，并将结果分配给左操作数

B.2 字符串

· 字符串的基本操作

需要定义跨越多行的字符串时，可以用连续三个 "'" 或者 """" 组成三重引号来定义。下面的示例可以定义包含换行的字符串。

231

```
html_text = '''
<html>
  <body>
  </body>
</html>
'''
print html_text
```

```
<html>
  <body>
  </body>
</html>
```

使用"+"连接两个字符串。

```
print '学习' + 'TensorFlow'
```

```
学习TensorFlow
```

需要取出字符串中的部分值时，可以使用切片索引。切片写法为[a:b]，由于索引开头为0，所以表示把字符串从"a"到"b"的前一个元素为止的字符串取出来。如果省略a或者b，则表示从头或者至尾整个取出。

```
string = 'TensorFlow'
print string[1:6]
print string[:6]
print string[6:]
```

```
ensor
Tensor
Flow
```

·字符串格式化

下面是替换字符串中变量的例子。在字符串中指定%d,%f,%s等表示格式化符号，在其后面接"%"符号和变量。格式化符号与C语言中的printf语法是一样的。在最后一个例子中，需要指定多个变量时，需要用括号（）括起来。

```
a = 123
b = 3.14
c = 'Hello,World!'
print '打印整数 %d' % a
print '打印浮点数 %f' % b
print '打印字符串 %s' % c
print '打印多个变量 %d,%f,%s' %(a,b,c)
```

```
打印整数 123
打印浮点数 3.140000
打印字符串 Hello,World!
打印多个变量 123,3.140000,Hello,World!
```

B.3 列表与词典

• **列表**

只要把 "," 分割的多个数值用 [] 括起来就创建了一个简单的列表。和字符串一样，列表也可以用切片的方式取出其中一部分的值。而且也可以对列表元素进行添加、更新、删除操作。下面为用切片取出部分列表值的示例代码。

```
a = [10,20,30,40]
print a
print a[0]
print a[1:3]
```

```
[10,20,30,40]
10
[20,30]
```

下面为切片更新列表部分值的示例。

```
a = [10,20,30,40]
a[0] = 15
print a
a[1:3] = [25,35]
```

```
print a
```

```
[15,20,30,40]
[15,25,35,40]
```

下面为对空列表添加值的示例。

```
a = []
a.append(10)
print a
a.append(20)
print a
```

```
[10]
[10,20]
```

如果是用 range 函数，可以创建出等差数组的列表。range(a,b,c) 表示生成一个大于等于 a 小于 b、步长为 c 的列表。如果省略 c，默认步长为 1；省略 a，则默认从 0 开始。

```
print range(10)
print range(1,7)
print range(1,10,2)
```

```
[0,1,2,3,4,5,6,7,8,9]
[1,2,3,4,5,6]
[1,3,5,7,9]
```

- **词典**

词典定义为键值对的形式。指定键可以取出相对应的值。如下为定义词典后，通过键来取出值的示例。

```
price = {'Apple': 250,'Banana': 100,'Melon': 5000}
print price['Apple']
```

```
250
```

下面示例代码为一个空的词典，然后指定键，定义一个与其对应的值。

```
price = {}
price['Apple'] = 250
price['Banana'] = 100
print price
```

```
{'Apple': 250,'Banana': 100}
```

B.4 控制语句

· 循环

下面为对列表中的元素值按顺序分别赋值给变量，然后循环处理的示例。循环遍历对象的部分会根据索引值循环处理。

```
for n in [1,2,3]:
    print n,    # 循环遍历对象
    print n*10 # 循环遍历对象
```

```
1 10
2 20
3 30
```

往enumerate函数中代入列表，就会从索引为0的元素进行遍历。下面代码供参考。

```
for n,fruit in enumerate(['Apple','Banana','Melon']):
    print "%d: %s" %(n,fruit)
```

```
0:Apple
1:Banana
2:Melon
```

· 条件判断

if语句的条件判断写法如下所示。判断条件为True/False时执行的代码块，要以缩进加以区分表示。

```
if(判断条件):
    <条件成立时的处理>
else:
    <条件不成立时的处理>
```

指定多个条件时，代码如下。

```
if(判断条件1):
    <判断条件1成立时的处理>
elif(判断条件2):
    <（判断条件1不成立）判断条件2成立时的处理>
else:
    <上述条件都不成立时的其他处理>
```

while语句在给定条件成立时，循环执行代码块内的处理。代码块内可以使用continue(之后的代码跳过，返回代码块的头部)和break(强制跳出循环)语句。如下为针对1~100的自然数，除掉3的倍数，打印10的倍数的代码示例。

```
i = 0
while (i<100):
    i += 1
    if i % 3 == 0:
        continue
    if i % 10 == 0:
        print i,
```
_____

```
10 20 40 50 70 80 100
```

if语句和while语句的判断条件部分所使用的主要关系运算符如表B.3所列。

表B.3　关系运算符

运算符	示例	描述
==	a==b	a和b相等
!=	a != b	a和b不相等
>,<	a > b	a大于b
>=,<=	a >= b	a大于或者等于b
or	a or b	a或b其中一个为真
and	a and b	a和b两个都为真
not	not a	a不为真

· with 语句

with语句提供了可以自动执行某些特殊的前处理和后处理功能。例如，用with语句打开文件后在代码块结束时自动关闭文件流。下面为以只读方式打开二进制文件"datafile"的示例。

```
with open(' datafile',' rb')as file:
    <用变量 file 访问文件内部>
```

· 遍历列表

下面为利用for语句循环遍历生成列表。

```
list1 = []
for x range(10):
    list1.append(x*2)

print list1
```
————————————————————
```
[0,2,4,6,8,10,12,14,16,18]
```

像这样的处理，如果用"遍历列表"，可以用下面所示的一行代码实现。

```
list2 = [x*2 for x in range(10)]

print list2
```
————————————————————
```
[0,2,4,6,8,10,12,14,16,18]
```

或者，用两重循环做成一个二维列表时，也可以用list3和list4的方式来实现。

```
list3 = []
for y in range(1,4):
    list_in = []
    for x in range(1,4):
        list_in.append(y*x)
```

```
        list3.append(list_in)

list4 = [[y*x
          for x in range(1,4)]
         for y in range(1,4)]

print list3
print list4
```

```
[[1,2,3],[2,4,6],[3,6,9]]
[[1,2,3],[2,4,6],[3,6,9]]
```

B.5 函数与模块

· 定义函数

自定义函数时，语法如下。

```
def 函数名（参数1，参数2,…）:
    <函数执行处理代码>
    return <返回值>
```

下面为定义一个计算8%消费税的函数tax的示例。tax的返回值为浮点数，用print打印时，使用格式化符号%d只打印出整数部分。

```
def tax(price):
    tax = price * 0.08
    return tax

for x in range(100,300,50):
    print "价格: %d, 消费税: %d" %(x,tax(x))
```

```
价格: 100, 消费税: 8
价格: 150, 消费税: 12
价格: 200, 消费税: 16
价格: 250, 消费税: 20
```

· 导入模块

模块是预先定义的一些有用的类、函数、常量等的文件包。导入既存的模块后，就可以直接使用模块中包含的组件。执行下面代码后，就可以直接用 np.<函数名> 来调用 numpy 模块中包含的函数。

```
import numpy as np
```

导入指定组件，就可以直接用组件名来调用。下面代码导入 pandas 模块中的 DataFrame 类 Series 类后，就可以直接使用相同名字的类（DataFrame 和 Series）。

```
from pandas import DataFrame,Series
```

参考信息

有关 Python 2 的内置函数和标准模块的详细内容，请参考下面的官方文档。

• Python 标准模块 - v2.7

（http://docs.python.jp/2.7/library/index.html）

附录 C 数学公式

· 数列求和与积的符号

符号 $\sum$ 与符号 $\prod$ 分别表示对数列求和与求积。下面的算式表示对 $x_1 \sim x_N$ 进行加法运算和乘法运算。

$$\sum_{n=1}^{N} x_n = x_1 + x_2 + \cdots + x_N$$

$$\prod_{n=1}^{N} x_n = x_1 \times x_2 \times \cdots \times x_N$$

这里公式中所包含的字母 n 相当于程序代码中的循环因子变量，所以需要注意一点就是，即使换成别的字母其计算的内容是不会发生变化的。

· 矩阵运算

$N \times M$ 的矩阵表示一个由 M 行 N 列元素排列而成的矩形阵列。$N \times M$ 矩阵和 $M \times K$ 矩阵的乘积结果为 $N \times K$ 的矩阵。下面为一个 2×3 矩阵和一个 3×2 矩阵乘积的计算示例。

相同大小的矩阵求和，就相当于分别对相应的元素求和。

$$\begin{pmatrix} a_1 & a_2 \\ a_3 & a_4 \end{pmatrix} + \begin{pmatrix} b_1 & b_2 \\ b_3 & b_4 \end{pmatrix} = \begin{pmatrix} a_1 + b_1 & a_2 + b_2 \\ a_3 + b_3 & a_4 + b_4 \end{pmatrix}$$

横向排成一排的行向量，相当于 $1 \times N$ 的矩阵；纵向排成一列的列向量，

相当于 $N \times 1$ 的矩阵。另外，用转置符号 T 表示把矩阵的行列翻转。该符号特别常用于列向量和行向量之间进行矩阵转换，非常方便。

$$(x_1, x_2, \cdots, x_N)^{\mathrm{T}} = \begin{pmatrix} x_1 \\ x_2 \\ \vdots \\ x_N \end{pmatrix}$$

· 对数函数

对数函数 $y = \log x$，也就是指数函数 $y = \mathrm{e}^x$ 的反函数。这里的 e 表示自然常数 $\mathrm{e} = 2.718\cdots$。为了理解本书中的内容，只要知道 $y = \log x$ 是单调递增函数（x 的值增加 $\log x$ 的值也增加），且下述公式成立就足够了。

$$\log ab = \log a + \log b, \quad \log a^n = n \log a$$

· 偏导数

对于拥有多个变量的函数，针对其中一个特定变量的导数被称为偏导数。

$\dfrac{\partial E(x, y)}{\partial x}$：$y$ 固定不变，对 x 求导。

$\dfrac{\partial E(x, y)}{\partial y}$：$x$ 固定不变，对 y 求导。

所有变量的偏导数排列而成的向量称为梯度，用如下符号表示。

$$\nabla E(x, y) = \begin{pmatrix} \dfrac{\partial E(x, y)}{\partial x} \\[2mm] \dfrac{\partial E(x, y)}{\partial y} \end{pmatrix}$$